JN437584

Methodology for Determination of Ginseng Saponin Chemical Structures

인삼사포닌의 화학구조 해석방법론

인삼학자

나승열

서 문

인삼 연구자들은 인삼 연구 과정에서 **인삼 사포닌** 혹은 **진세노사이드**라는 용어를 많이 접하게 된다. 일반인들도 인(홍)삼 제품 선전 문구에서 진세노사이드가 제품에 얼마만큼 함유되어 있다는 표시 문구를 본 적이 있을 것이다. 처음, 인삼에 사포닌과 같은 배당체가 함유되어 있을 것이라는 증거는 1854년 **거리게스**라는 미국 연구자가 독일 괴팅겐 대학에서 박사학위 논문(지도교수 프리드리히 뵐러) 내용을 미국 약학회지에 연구 결과를 발표하면서 알려졌다. 그는 형태가 없는 물질(무정형)의 인삼 배당체(사포닌)를 파나퀼론(분자식: $C_{32}H_{56}O_{14}$)이라는 이름을 붙였다. 추가 산acid 분해 산물을 파나콘panacon이라고 불렀다. 그 후 1900년도 초반부터 1930년까지 많은 일본 과학자들을 포함한 전 세계 연구자들이 인삼 사포닌을 분리하고 성분에 대한 그들 나름대로 다양한 이름을 붙였다(제2장). 또, 인삼 사포닌 순수 분리와 구조를 밝히려고 열심히 노력은 했지만, 그 당시 천연물에서 물질 분리 기술과 천연물 화학 구조 분석 장비가 개발되지 않아서 실패했다.

30년이 지난 뒤, 1960년 초 일본의 **시바타 쇼지**柴田 承二 교수는 처음에는 한약재의 하나인 시호柴胡 사포닌 연구를 수행했었다. 그러나, 정확한 이유는 모르겠지만, 그는 시호 연구를 포기하고 중간에 주제를 인삼 사포닌 연구로 방향 전환을 하였다. 그는 1900~1930년대 선배 일본 및 일본 외 다른 나라 과학자들이 지속적으로 시도했던 인삼 사포닌 분리 및 분석 방법을 발전시켰다. 시바타 교수가 인삼 사포닌 연구를 할 수 있도록 도움을 준 분석 방법들 중의 하나는, 1958년 독일 과학자 Stahl이 개발한 thin layer chromatography (TLC) 방법이다. TLC를 통하여 인삼 사포닌 성분들 혼합물을 그 특성에 따라 개별 사포닌으로 분리할 수 있도록 도움을 주었다. 또, 화학물질의 구조 규명에 도움을 주는 다양한 첨단 분석 장비들을 활용하였다. 더 중요한 것은, 그가 발표한 논문들을 보면, 인삼 사포닌 화학 구조 규명을 위하여 제3장에 기술한 여러 화학물질을 국내외 연구자들로부터 제공받았거나, 성분 분석을 위하여 공동 연구를 수행하였다. 1962년, 시바타 쇼지 교수 그룹은 인삼에서 강산 가수분해 산물을 파낙사다이올panaxadiol이라고 부르고, 그것의 화학구조를 세계에서 처음으로 제안하였다. 계속해서 10년에 걸쳐서 인삼에서 개별 인삼 사포닌을 분리하였다. 이들을 그 특성에 따라 진세노사이드ginsenoside Rx라고 이름을 붙였다(제8장). 시바타 쇼지 교수는 학술지를 통하여 인삼 사포닌의 기본 골격 화학구조와 그것의 입체 화학 구조에 대한 시행착오를 거친 다음에 완전하게 인삼 사포닌 화학구조를 세상에 알렸다.

그러나, 시바타 쇼지 교수 본인이 인삼 사포닌 화학구조를 밝혔음에도 불구하고 자신의 연구 과정을 체계적으로 정리하여 책으로 발간하지 않았다. 단지, 1974년 한국에서 열린 국제 인삼 심포지움이나 1989년 일본에서 개최된 국제 세미나에서 다른 연구자들과 함께 단편적으로 정리하여 발표한 프로시딩 내용이 전부다(제17장). 또, 지금까지 시바타 쇼지 교수가 인삼 사포닌 화학 구조를 밝힌 과정에 대한 국내·외 학자에 의한 참고 서적이나 개설서가 나온 것이 없었다. 따라서, 저자는 본 책을 통하여 시바타 쇼지 교수가 인삼에서 인삼 사포닌 분리와 분리된 인삼 사포닌의 화학 구조를 밝혀내는 접근 방법, 분석 과정, 분리 방법, 국내외 공동 연구 및 전략을 독자 여러분에게 보여주고 싶었다. 이 책을 출간하기 위하여 저자는, 1930년 이전 전 세계 인삼 연구자들이 발표한 논문들과 시바타 쇼지 교수가 인삼 사포닌 분리 및 화학 구조를 밝히는 과정을 1962년부터 1970년도 초반까지 학술지에 발표한 약 50여편의 일본어 논문들 및 영어 논문들을 번역하고, 독자들이 이해하기 쉽게 저자 나름대로 해석 및 정리하였다. 시바타 쇼지 교수 그룹이 여러 학술지 발표할 때, 앞에서 출간한 논문에서 수행했던 내용을 다시 일부 반복하는 경우가 많았다는 것을 확인하였다. 따라서 저자는 연구 내용이 부분적으로 중복되는 내용들은 통합하였다. 그러다 보니, 참고문헌들이 각 장Chapter마다 따로 하지 않고 한 번에 합쳐서 정리하였다. 그러나, 일부 원본 그림들에는 참고문헌을 달았다.

또, 저자는 시바타 교수 그룹이 다른 학술대회, 프로시딩이나 약용인삼에 출간한 자료들도 참조하였다. 또, 1970년대 초반 한병훈 교수가 인삼 사포닌 화학구조를 연구 발표한 논문들도 참조하였다. 독자들이 이해하기 어려운 너무 복잡한 화학 분석 내용이나 용어들은 가급적 생략하였다. 독자가 더 자세하거나 깊은 내용을 바란다면 참고문헌을 참조하기 바란다. 또, 인삼 사포닌 화학구조를 밝히기 위하여 시바타 교수 그룹이 활용한 여러 종류의 인삼 사포닌과 골격 구조가 비슷한 천연물들(제3장과 제7장), 인삼 사포닌의 화학구조 변형을 위하여 사용한 분석 장비, 시약, 화학물질 용어 및 화학 반응들은 독자 여러분이 기본적으로 알아야 할 것들은 요약하여 참고 자료(예, Smith degradation)로 별첨하였다. 본 저서를 준비하면서 저자가 확인한 사실은 인삼 사포닌을 이용한 연구자들이 논문에 제시한 인삼 사포닌(진세노사이드)의 화학 구조가 잘못된 것들이 많이 있음을 알 수 있었다.

본 책을 통하여 저자가 독자들에게 꼭 하고 싶은 말이 있다. 우리가 인삼 사포닌(진세노사이드)을 이용하여 연구를 수행할 때, 우리는 인삼 사포닌 화학구조 보고 이 화학구조가 어떤 절차를 거쳐서 완전하게 얻어졌는지, 국적을 떠나서 해외 선배 인삼 연구자들의 보낸 긴 과정을 쉽게 놓칠 수 있다. 한 가지 중요한 사실은 시바타 쇼지 교수 그룹은 인삼 사포닌의 화학 구조를 밝히는데 10년 이상 투자한 땀과 노력의 결과다는 사실을 알았으면 한다. 시바타 쇼지 교수는 후배 과학자들에게 자신이 수행하는 연구에서 후세에게 무언가 가치 있는 것을 남기기 위해서는 시간이 걸리고 지름길은 없다는 것을 몸소 보여주었다. 모든 일들이 한 번에 이루어지는 법이 없다. 무언가 가치 있는 일을 달성하기 위해서는 장기간의 노력이 필요하다. 물론 운도 따라 주어야 한다. 아무리 장기간 기간 연구를 수행했더라도 운이 없다면 이마저도 남기기 어렵다(제16장).

시바타 쇼지 교수는 1915년에 태어나서 2016년 작고하였다. 100세를 넘게 장수하신 분이다. 본인을 포함하여 아버지(식물학자)와 할아버지(약학자) 3대에 걸쳐서 모두가 동경대 교수를 역임하였다. 본인이 천연물 화학 및 생약학을 전공한 약학자였기에, 인삼 사포닌의 화학구조를 밝혀야 한다는 본인의 소명 의식을 엿볼 수 있고 존경받을 만하다. 또, 그 당시 인삼 성분의 화학구조는 무엇인가에 대한 전 세계의 과학적 요구와 2000년 이상 서양이 아닌 동북아시아에서 전통적으로 사용 하여온 인삼이라는 한약재 첫 번째 성분의 화학구조가 무엇인가에 대한 사회적 바램(궁금증)을 처음으로 충족시킨 연구자이다. 그 업적으로 일본 정부로부터 서훈을 받았다.

저자는 시바타 교수가 인삼 사포닌 화학 구조를 밝히기 위하여 어떤 과정을 밟아왔는지 반세기가 넘었지만, 늦게나마 나름대로 정리 요약한 내용을 국내외에서 처음으로 책으로 출간하여 독자 여러분들에게 전달해 줄 기회를 갖게 된 것에 대하여 마음이 뿌듯하다.

2026년1월

인삼학자 나승열

목 차

제 1 장

인삼(식물) 사포닌과 관련된 용어

· · · · · · · · · · · · · ·

인삼 연구를 수행하는 연구자는 인삼 성분들 중의 하나인 인삼 사포닌(진세노사이드) 화학 구조가 어떻게 구성되었는지 최소한 한 번 이상 보았을 것이다. 겉으로 봐서는 인삼 진세노사이드는 우리가 잘 아는 스테로이드 골격에 당이 붙어있는 것처럼 보인다. 그러나, 사실 인삼 사포닌의 기본 골격 화학 구조는 스테로이드 기본 골격 화학 구조와 관계도 없고 합성 과정도 다르다. 우리가 당연히 여기는 인삼 사포닌 순수 분리 및 화학 구조를 밝히기 위하여, 1960년대 초반부터 1970년도 초반까지 시바타 쇼지 교수를 중심으로 일본 과학자들은 10년 이상 노력하였다. 이들의 노력으로 21세기 과학자들이 개별 진세노사이드를 이용하여 연구할 때 큰 어려움 없이, 순수하게 분리된 개별 인삼 사포닌을 이용하여 연구를 수행할 수 있다.

식물 사포닌과 인삼 사포닌(진세노사이드) 구조 규명 연구 과정 중 생성물 관련된 용어 정의

인삼 사포닌 연구는 1900년도 초반부터 시작되었다. 1960년대 초반에 들어와, 일본 과학자와 러시아 과학자들이 인삼에 존재하는 인삼 사포닌saponin의 화학 구조를 밝히는 연구를 경쟁적으로 수행하였다. 초반 분위기는 먼저 인삼에서 개별 사포닌을 분리하고 panaxoside라는 이름을 붙인 러시아의 엘리아코프 박사 쪽이 유리했다(제16장). 결론적으로, 일본 과학자들이 이겼다(제16장). 인삼 사포닌 화학 구조를 밝히는 과정을 설명하기 전에, 이 책을 읽는 독자들이 책이나 논문에 자주 나오는 인삼 사포닌(혹은 식물 사포닌)과 관련된 학술 전문 용어들의 이해도를 높이기 위하여 먼저 다양한 사포닌 관련 용어들의 정의를 살펴본다.

식물 사포닌의 기원과 사포닌 성질

식물 성분 중에는 흔히 물속에서 녹아 나와서 휘저으면 거품을 유발하는 성분이 존재한다. 1808년, 슈로더Schroder가 사폰풀Sapenaria officinalis로부터 거품이 일어나는 성분을 발견한 이래, 조사나 연구가 이루어지게 되었다. "사포닌saponin"의 명칭은, 1819년 출판된 Leopold Gmelin(1788~1853년)의 "Handobuch der Theoretishen Chemi(이론화학 핸드북)"에 나타난 것이 처음이라고 되어있다. 사포닌을 포함하는 식물은 디기탈리스, 인삼, 시바호 등의 약초, 콩, 새우, 작대, 등 다양한 식물에서 잘 알려져 있고, 그 분포는 넓다. 한편, 식물에서 사포닌은 2차 대사 산물로, 식물 생존을 위한 중요한 보호 물질(병해충 및 미생물 방어, 환경 적응 및 초식동물 기피 유도)로 알려져 있다.

사포닌saponin은 대부분 주로 식물 세계에 존재하는 화학물질을 말한다. 최근 연구에 따르면 동물도 사포닌을 합성하여 가지고 있다는 보고들이 나오고 있다. 인삼 사포닌을 포함하여 식물 사포닌이 가지는 대표적인 4가지 특징은 다음과 같다. 1) 사포닌을 포함하는 용액을 흔들면 비누soap처럼 거품froth이나 콜로이드 용액colloidal solutions을 만든다고 해서 그 이름이 유래했다. 2) 사포닌 맛은 쓰면서 당을 포함하고 있어서 달짝지근sweet-bitter하다, 3) 사포닌 가루가 공기나 바람에 날려서 코점막에 닿으면 사포닌 자극으로 인하여 재채기를 유발한다. 또, 사포닌 용액은 피부에 접촉되면 피부 점막을 자극한다, 4) 사포닌은 일반적으로 적혈구 용혈hemolysis 작용이 있다. 물고기에 독작용(다른 말로 어독魚毒이라고 부름)을 유발하여 사냥할 때 식물 사포닌을 풀어서 잡는다는 보고가 있다. 그러나, 일반적으로 사람이 먹어도 해가 없는 것으로 알려져 있다.

사포닌 구성

사포닌의 화학 구조는 두 부위로 구성되어 있다. 소수성 골격 부위backbone portion과 친수성 당 부위다. 당이 없는 사포닌의 골격 부위를 다른 말로 **어글리콘**agycone이라 부르고, 당 부위를 **글리콘**glycone이라 부른다. 골격 부위를 구성하는 화학 구조는 식물이 함유되어 있는 사포닌 종류마다 다르다. 즉, 스테로이드, 올레아놀릭, 트리터펜triterpene 등 적어도 4가지 이상이 있다. 즉, 종species이 다른 식물은 다른 종류의 골격 구조를 가지고 있다. 같은 종류의 골격 구조를 가지고 있더라도, 당의 종류와 당이 결합한 위치가 달라 수없이 많은 종류의 사포닌들이 존재한다. 당 부위는 주로 포도당glucose가 주류이나, 다른 종류의 탄수화물sugars들 하나 혹은 두 개 이상의 탄수화물들이 연결되어 존재한다.

사포닌 성질에 따른 분류

골격 부위에 부착된 당의 성질에 따라 **중성 사포닌**neutral saponin 혹은 산성 사포닌으로 나누어진다. 중성 사포닌은 주로 당의 –OH hydroxyl group를 가지고 있다. 그러나, **산성 사포닌**은 당 중에 –COOH carboxyl group를 가지고 있고, 수용액에서 $-COO^{-}+H^{+}$와 같이 수소이온이 해리되어 산성을 띤다. 예를 들면, 인삼 사포닌에서는 진세노사이드 Ro는 골격 부위가 oleanolic acid이다(제15장). 따라서, 산성 인삼 사포닌의 하나인 진세노사이드 Ro를 제외한 다른 인삼 진세노사이드에 함유된 당들은 대부분 중성당을 가지고 있어서 중성 사포닌neutral saponin으로 분류된다.

사포닌과 관련된 명칭들

식물 사포닌을 넓은 의미에서 **글라이코시드**glycosides라고도 부른다. 글라이코시드는 어떤 골격 화합물에 당이 부착된 모든 자연계의 화합물들을 말한다. 앞에서 언급한 바와같이, 당 부위를 **glycone**sugar portion이라고 부르고, 당을 제외한 나머지 부분을 **aglycone**non-sugar portion이라 부른다. 또, 사포닌에서 당이 떨어지고, 기본 골격만 남으면, 이를 골격 부분을 **게닌**(혹은 **제닌**genin)이라고 부른다. 또는, **사포게(제)닌** sapogenin이라고도 부른다. 예를 들면, 사포닌이 강산(conc. acid)의 작용으로 가수분해acid hydrolysis되어 당이 모두 떨어지고 기본 골격 부분만 남은 물질을 사포게닌이라 부른다. 어떻게 보면, **genin, sapogenin** 및 **aglycone**이라는 용어들은 당이 제거되고 사포닌 골격만 남은 상태이기 때문에 같은 의미일 수 있다. 단지, 사포게닌은 어떤 특정 사포닌을 이용한 연구에서 산 가수분해acid hydrolysis 결과 생성된 물질을 의미하는데 많이 활용된다. 실온에서 사포닌을 약산(예, 실온에서 초산acetic acid과 같은 유기산 혹은 희석한 황산이나 염산HCl과 같은 무기산mineral acid으로) 가수분해하면, 사포닌에 부착된 당sugar이 전부 떨어지는 것이 아니고, 산에 민감한 골격의 특정 부위에 부착된 당이 일부 떨어진다. 이때 생성된 물질을 **프로사포게닌**prosapogenin이라고 부른다. 당이 일부 부착되어 있는 프로사포게닌에 추가로 강산으로 더 가수 분해하면, 사포닌에 결합된 모든 당들이 떨어져 나간다. 다시 말하면 당이 없는 기본 골격 부위를 **사포게닌**이라 부른다. 기본 사포게닌의 골격에 –OH가 붙어 있는 경우가 많아 사포닌 연구자에 따라서 사포게닌 대신 **사포게놀**sapogenol이라는 용어도 사용한다. 뒤의 다른 chapters에서 언급될 것이지만, 사포닌에 강산으로 처리하게 되면, 골격 부위가 남는다. 때때로 강산의 수소이온이 골격 부위에 추가로 작용하여 골격 부위 일부가 변형이 일어나 다양한 인공 물질artifacts 혹은 제2차 산물secondary materials이 만들어진다(제5장). 이런 현상은 인삼 사포닌에서만 일어나는 것이 아니고, 다른 식물에서 유래한 사포닌들에서도 관찰된다.

인삼 사포닌 산 분해 과정에서 생성되는 물질 및 인공물질 예시

인삼 사포닌, 즉 진세노사이드 Rb1과 진세노사이드 Rg1 예를 들어서 적용해 보자. 인삼 사포닌들 중에 많은 양을 차지하는 진세노사이드 Rb1, 진세노사이드 Rb2 및 진세노사이드 Rc 혼합물 혹은 개별 진세노사이드에 강산을 처리하면, 이들 진세노사이드들에 부착된 모든 당들이 떨어져 나가고 골격만 남는다. 이를 인삼 **사포게닌**이라고 한다. 그런데, 강산strong acid이 작용하다 보니 당 이외의 이들 진세노사이드의 골격 구조의 일부인 측쇄side chain의 이중 결합에 산(H^+)이 작용하여, 즉 산 촉매acid catalysis가 작용하여 에피머를 만들거나 고리(ring) 형태(즉, 2차 산물 생성)가 된다(제5장 참조). 이렇게 측쇄가 변형되어 인공적 생성된 물질을 시바타 교수 그룹은 처음으로 **panaxadiol**이라고 불렀다(제4장). 사실, 처음에는 panaxadiol이 강산 분해로 인하여 만들어진 인공 물질이라는 것을 몰랐다(제3장). 비슷하게, 만약에 진세노사이드 Rg1이나 triol-type 진세노사이드들이 똑같은 강산의 작용을 받으면 **panaxatriol**이라는 인공물질이 만들어진다(제11장).

만약에 진세노사이드 Rb1, Rb2나 Rc가 실온에서 약산weak acid의 작용을 받으면 혹은 다른 방법을 사용하면 골격에 붙은 당이 전부 떨어지는 것이 아니고, C20에 부착된 당들만 먼저 떨어진다(제10장). 예를 들면, 진세노사이드 Rb1이 실온에서 약산(예, 50% 초산, 실온 처리)의 영향을 받아 C20에 부착된 당이 일부 떨어지고, C3에 부착된 당만 남아서, 진세노사이드 Rg3가 된다. 즉, 진세노사이드 Rb1, Rb2, 및 Rc를 이용하여 약산 처리에 의하여 인공적으로 진세노사이드 Rg3를 만들 수 있는 방법된다. 따라서, 진세노사이드 Rg3는 진세노사이드 Rb1, Rb2나 Rc에 약산을 처리하거나, 수삼 가공 과정에서 diol-type 진세노사이드들의 당 일부 떨어져 홍삼에 존재하지만, 진세노사이드 Rg3는 진세노사이드 Rb1, Rb2, 및 Rc의 **프로사포게닌**이라고 부를 수 있다(제10장). 또, 다른 예로 진세노사이드 Re가 약산 처리에 의하여 C20에 결합된 당이 떨어지고, C6에 당만 남으면 진세노사이드 Rg2가 된다. 이때 **진세노사이드 Rg2는 진세노사이드 Re의 프로사포게닌**이라고 부를 수 있다(제13장). 앞에서 기술한 바와 같이, 프로사포게닌을 강산을 이용하여 더 가수분해하면, 진세노사이드 Rb1은 인공 물질인 panaxadiol이 되고, 진세노사이드 Rg2는 인공 물질인 panaxatriol이 된다. 또, 인공 물질인 panaxadiol과 panaxatriol의 C20에 S-form과 R-form이라는 epimer가 추가로 생성됨을 확인하였다(제5장).

약산을 이용하여 진세노사이드 Rg1나 진세노사이드 Rg2에 약하게(mild condition 혹은 Smith's oxidative degradation) 작용하게 하면, 오로지 진세노사이드 Rg1에 부착된 당들만 떨어진다. 이때 나머지 인삼 사포닌의 기본 골격 구조가 변화없이 온전하게 남게 된다. 이때 변형되지 않은 기본 골격 구조를 시바타 교수 그룹은 **프로토파낙사트리올**protopanaxatriol이라고 불렀다(제5장). Triol-type 진세노사이드라는 것은 골격 구조 C3, C6 및 C12에 –OH가 3개 부착된 경우를 말한다. 또, 진세노사이드 Rg3가 마일드한 산성 조건에서 가수분해되어 기본 골격 구조backbone 그대로 남으면 이를 **프로토파낙사다이올**protopanaxadiol이라고 부른다. Diol-type이라는 것은 골격 구조 C3 및 C12에 –OH group이 2개 부착된 경우를 말한다. Diol-과 Triol-type 진세노사이드는 C12에 –OH group을 공통으로 가지고 있다 (제12장). 그래서 이들을 protopanaxadiol ginsenosides (Rb1, Rb2. Rc, Rd등)이라고 부른다. Triol-ginsenosides은 diol-type 진세노사이드들보다 골격 C6번에 –OH가 1개 더 부착되어, –OH의 숫자가 3개면 protopanaxatriol ginsenosides (Rf, Re, Rg1 등)라고 부른다. 기존의 진세노사이드와 골격 구조가 다른 oleanolic acid 진세노사이드(진세노사이드 Ro)를 함유하고 있다. 당이 떨어지면, oleanane 혹은 oleanolic acid라는 골격 성분만 남는다.

요약하면, 진세노사이드 Rb1에 약산을 처리하여 진세노사이드 Rb1의 당 부위가 떨어져서 골격 부위가 변화없이 온전하게 남으면 남은 기본 골격 부위, 즉, 어글리콘 부위를 protopanaxadiol이라고 부른다. 진세노사이드 Rb1에 강산을 처리하면, 당은 물론이고 추가 골격 부위에 부착된 측쇄side chain의 변형이 일어난다. 이렇게 변형된 인공 물질이 만들어지고 이를 panaxadiol이라고 부른다. Triol-type 진세노사이드들도 똑같이 해당된다. 시바타 교수 그룹에서 인삼 사포닌의 화학 구조를 규명하기 위한 연구 과정에서 이런 현상을 발견하고 보고하였다.

제 2 장

인삼 사포닌의 화학 구조 연구 역사

19세기 인삼 성분 연구 시작과 다양한 인삼 성분명들

18~19세기는 유럽의 과학자들은 약리 효능을 발휘하는 약용식물(생약)에서 효능 발현의 원인이 되는 성분을 찾았거나 찾아내는 분석 작업을 집중적으로 하던 시기였다. 동양의 전유물이면서 만병통치약으로 알려진 인삼도 서양 과학자들에게는 관심의 대상이었다. 처음으로 인삼 성분에 대하여 보고한 사람은 **라피네스크**Rafinesque이다. 그는 터키 출신의 미국학자로 미국에서 자생하는 서양삼을 분석하였다. 그가 1834년 발표된 보고에서 라피네스크는 미국 인삼 뿌리에서 **장뇌**camphor와 같은 상쾌한 냄새가 난다고 하였다. 따라서, 서양삼의 다양한 효능(신경계 및 비신경계)을 발휘하는 성분은 "장뇌와 비슷한 물질이다"라고 주장하였다. 그 물질 이름을 **파나신**panacine이라고 지었다. 파나신이라는 성분은 알코올과 물에 잘 녹는다고 하였다. 그는 또한 미국 인삼은 파나신 외 다른 지질과 당분을 함유하고 있다고 하였다. 그러나, 라피네스크는 서양삼에서 **파나신**을 어떻게 분리했고 이름을 지었는지 구체적인 방법을 보여주지 않았다.

거리게스Garrigues라는 과학자는 미국에서 필라델피아에서 약사 아들로 태어났다. 독일 **괴팅겐 대학**으로 유학갔다. 거리게스가 독일로 유학한 이유는, 아마도 그 당시 유럽(독일)이 천연물 분석 분야에 있어서 미국보다 더 발달해서 유학갔을 것으로 예상된다. 거기서 현대 유기 화학의 아버지로 알려진 프리드리히 뵐러 교수의 지도하에 박사 학위를 받았다. 거리게스의 괴팅겐 대학의 박사 학위 논문은 미국 인삼을 라피네스크가 수행했던 것보다 좀 더 진보된 것으로 서양삼을 분석하여 분자식을 발표하였다. 즉, 1854년 거리게스는 미국 인삼에서 사포닌(배당체) 성분으로 무정형의 화합물amorphous compound(분자식 $C_{32}H_{56}O_{14}$, 분자량 441 Da) 분리 성공했다. 이를 "**파나퀼론**panaquilon"이라고 불렀다. 또, 파나퀼론에 높은 농도의 염산, 질산을 처리하면서 온도를 올리면 탄산이 발생하고 백색 침전물이 석출된다. 이 물질은 물에 잘 녹지 않았고, 이를 "**파나콘**Panacon"(분자식 $C_{22}H_{19}O_8$, 분자량 411 Da)이라고 불렀다. 이어서, 1890년 러시아의 Davydow라는 사람은 시베리아 우수리Ussuri 지역에서 수집한 인삼(조선 인삼)을 이용하여 거리게스가 분리한 실험을 반복하여 재현하여 파나퀼론을 분리했다고 보고하였다.

20세기에 붙여진 다양한 인삼 성분 및 성분명들

1905년 일본의 **후지타니 노부히코**는 거리게스의 인삼 성분 분석에서 한 발짝 더 나아가 "한약 인삼의 화학적 및 약물학적 연구"를 발표하였다. 즉, 인삼 성분 외에 약물학적 연구를 추가 수행한 것이다. **후지타니 노부히코**는 일본산 어종 인삼과 조선 인삼에서 거리게스가 사용한 방법을 이용하여 파나퀼론을 분리하였고, 파나퀼론을 무기산으로 끓여서 배당체와 당을 얻었다고 하였다. 그 성분은 아마 파나콘이었을 것으로 예상된다. 1906년 일본의 **아사히나 야스히코**와 **타구치 분타**가 조선 인삼에서 **사포닌(분자식** $C_{23}H_{38}O_{10}$, m.p. 190°)을 분리하는데 성공하였다. 또, 분리한 사포닌을 가수 분해하면, 사포게닌(m.p. 270°)과 당glucose이 형성되는 것을 확인하였다. 그 후 1915년부터 1920년 사이에, 일본 과학자 **Kondo** 등은 조선 인삼과 일본 가이즈 인삼에서 주요 성분으로 m.p. 220°의 사포닌을 분리했고, 이를 가수 분해하면 **결정 사포게닌**crystalline sapogenin(m.p. 242.5°)과 당glucose을 얻었다. 비사포닌 성분으로, 1917년 사카이 가즈타로酒井和太郎는 인삼의 에테르 추출물(즉, 지용성 물질)에서 알칼리성으로 용해되는 성분을 분리하였다. 이것을 불포화산으로 추정하고 **파낙사산**으로 명명하였다. 또, 이 에테르 추출물의 수증기 증류로 얻은 휘발성유(지질성분)를 정제해 **파나센**panacen이라고 명명했다. **1926년 요네카와 미노루는 인삼 추출물의 메탄올에 용해하는 분획에 에테르를 가해 침전하는 분획을 분리하고**, 이 물질을 **진세닌**ginsenin이라고 불렀다. 그러나, **진세닌의** 정제를 반복하면 용혈성이 없어지므로 사포닌이 아니라고 주장하였다.

1930년, **Kotake**는 조선 인삼에서 새로운 방법으로 용혈 작용이 없는 사포닌을 추출하였다. 이 신물질을 **panaxin**이라고 불렀다. 파낙신을 희석한 염산으로 가수분해하면, 프로사포게닌인 **α-panaxin**(분자식 $C_{38}H_{66}O_{12}$) 만들어지는 것을 확인했다. 또, **α-panaxin**은 높은 농도의 염산으로 가수분해하면 **염소**chloride를 포함하는 **sapogenin(분자식** $C_{30}H_{53}O_3Cl$)이 형성되는 것을 확인하였다(제5장). 1930년 코타케Kotake는 "**사포닌 화학은 현대 유기 화학 미로의 하나이다**"라고 식물 사포닌 분석의 어려움을 호소하였다. 그 당시, **코타케**는 인삼에서 순수 α-panaxin이라는 순수한 사포게닌을 분리해 놓고도, 분리한 파낙신의 화학 구조를 분석할 분석 장비가 개발되지 않아, 파낙신의 화학 구조를 모르는 상태로 30년을 더 기다려야 했다(제5장).

그 후 2차 세계대전으로 인한 인삼 연구에 대한 공백기가 있었다. 1950년 말에 러시아 과학자 **Brekhman** 박사와 불가리아 과학자 **Petkov** 박사가 인삼 추출물을 가지고 약리학적 효능에 대한 연구를 시작하고 이를 보고하였다. 이 두 과학자가 발표한 인삼의 효능은 인삼 사포닌이 중추신경계 자극(흥분) 작용과 항-피로 효과가 있다고 발표하였다. 두 과학자에 의한 인삼 효능 연구는 인삼에 대한 서양인들의 많은 관심을 불러일으켰다. 아마 이 발표가 서양에 소개된 인삼 효능에 대한 첫 번째 보고였을 것이다. 그리고, 인삼의 약리학적 효능에 대한 두 사람의 발표는 인삼의 생리활성 성분이 무엇인가 찾아내도록 즉, 인삼 성분의 화학 구조 규명 연구를 하도록 자극하였다.

1958년 처음으로 독일의 **Stahl**이 물질 분리 방법으로 thin layer chromatography(TLC)와 column chromatography를 개발하였다. 1960년대 들어와 자연히 TLC 기술을 이용하여 천연물에 함유된 성분 분리가 활발하였다. 이런 TLC 기술들을 응용하여 독일의 1961년 **Hörhammer** 등은 인삼 50% 주정 추출물에 7% 황산을 처리하여 얻은 사포게닌을 TLC를 실시하여 4종 이상의 인삼 사포게닌이 존재함을 확인하였다. 이중 인삼 **oleanolic acid**를 분리하는데 성공하였다(제14장).

1961년 대만의 Lin은 인삼 잔뿌리의 메탄올 추출물을 에테르에 녹는 분획과 녹지 않는 분획으로 나누었다. 에테르에 녹는 분획에서 stigmasterol을 분리했다. 그는 에테르에 녹지 않은 사포닌 분획을 “Genin I”과 “Genin II”로 나누었다. Genin I은 oleanolic acid인 것으로 밝혀졌다. Genin II는 **Ginsengenin**이라 불렀다. 새로운 물질인 ginsengenin (분자식 $C_{30}H_{50}O_3$, m.p. 245~247°)와 acetate $C_{32}H_{52}O_4$, m.p. 211~212°)을 얻었다고 보고했다. 1962년 스위스의 **Wagner-Jauregg**와 **Roth**는 홍삼 알콜 추출물을 산 가수분해하여 얻은 신물질을 **panaxol**(분자식 $C_{29}H_{50}O_3$, m.p. 238-239°)이라고 불렀다. Panaxol의 2~3개의 –OH group과 에테르 결합이 존재한다고 제안했다.

1962~1964년 **엘리아코프**Elyakov 등은 인삼으로부터 6종의 인삼 사포닌들을 분리하였다. 이들 6종의 인삼 사포닌을 panaxoside A-F이라고 이름 지었다. 또, 이들 사포닌 분해 산물로 나온 사포게닌sapogenin을 **panaxogenin**이라고 불렀다.

1900년대 초반부터 많은 일본의 과학자들은 대를 이어서 인삼 연구를 진행하고 있었다. 일본의 많은 과학자들에 의한 지속적인 인삼 연구가 1960년 시바타 교수로 하여금 인삼 사포닌의 화학적 구조를 밝히는데 기반이 되었을 것이다. 1960년 후지타로 이치와 이토카와 히데하루는 제80회 일본 약학회에서 일본(나가노산) 인삼에서 메탄올로 추출한 사포닌을 가수분해하여 프로사포게닌과 당glucose을 얻었다고 보고했다. 이어서, 프로사포게닌은 아세틸레이션되는 –OH group이 2개 있고, 아세틸레이션이 안되는(되기 어려운) –OH기가 1개 있다고 하였다.

여기까지가 **시바타** 교수가 본격적으로 인삼 사포닌의 화학 구조에 관한 연구 논문 발표 전에 발표되어 알려진 내용들이다. 시바타 교수 그룹은 1962년부터 인삼 사포닌의 화학구조에 관련된 논문들을 10년 이상 발표하였다. 연구 결과를 출간한 주요 학술지는 일본어로 된 일본약학회지藥誌와 Tetrahedron Letters와 Chem. Pharm. Bull. 등에 영문으로 발표하였다.

결론적으로, 시바타 쇼지 교수 그룹이 인삼 사포닌 분리 및 화학구조를 밝히는데 처음부터 독자적으로 방법을 찾은 것이 아니다. 그는 다른 선배 인삼 연구자들이 조금씩 다져놓은 인삼 사포닌과 관련된 정보와 지식 기반 위에서 훌륭한 업적을 이룬 것이다. 우리나라도 인삼 산업 지속적인 발전을 위하여, 인삼 연구자가 인삼 연구를 지속적으로 진행할 수 있는 여건 및 지원 정책이 조성되어야 한다.

표 2-1. 시바타 교수 연구 그룹이 인삼에서 panaxadiol 분리 및 동정하기 전, 전 세계 다른 연구자들에 의한 인삼 성분 분리 역사 요약

연구자(발표 년도)	인삼에서 분리한 성분 및 분자식	사용한 인삼 및 분리 방법	비고
거리게스(Garrigues) (1854)	파나퀼론($C_{24}H_{25}O_{18}$)	미국, 찬물 침지(infusion=우려냄) 추출	파니퀼론의 염산/질산 처리 생성물: 파나콘(panacon)이라 부름
다비도(Davydow) (1889)	파나퀼론과 같은 물질 분리	조선 인삼과 만주 인삼	거리게스 실험 재현
후지타니 노부히고 (1905)	파나퀼론 분리하였고, 분자식은 $C_{32}H_{56}O_{14}$이고 거리게스와 다르다고 함	일본에서 재배한 조선종 인삼과 조선인삼	무기산과 끓인 후 배당체와 포도당 존재 확인. 사포닌으로 예상되지만, 용혈 작용 없는 사포닌이라고 주장함
아사히나 야스히코와 타구치 분타(1906)	파나퀼론과 다른 배당체 분리, 분자식은 ($C_{23}H_{38}O_{10}$과 [$C_{23}H_{31}(C_2H_3O)_7O_{10}$) O_{18})이라고 함	인삼 잔뿌리(미삼) 사용	사포닌으로 예상되고, 용혈성 작용이 있는 것 확인
곤도(Kondo) 와 다나카 (1915, 1918, 1920)	파낙사산(panaxacid) (에테르 추출물) 파나센(panacen) 파낙사-사포게놀, 분자식 ($C_{27}H_{45}(OH)_3$	조선인삼(백삼), 에테르, 메탄올 및 물 사용	비사포닌 성분 분리(β -sitosterol-glucoside, 파이토스테롤, 지방산) 및 사포닌 포함
요네카와(1926)와 코다케(1930)	진세닌(Ginsenin), α -파낙신(α -panaxin)+ 포도당 분리. α -파낙신에 conc. HCl 처리 시 염소 화합물인 어글리콘 생성 확인	조선 인삼. 에테르, 메탄올, 물 및 납 사용	파낙신을 메탄올이 포함된 황산에서 온도를 올릴 경우, α -파낙신과 포도당 생성 확인.

연구자(발표 년도)	인삼에서 분리한 성분 및 분자식	사용한 인삼 및 분리 방법	비고
1.Hörhammer 등 (1961) 2.Yau-Tang Lin (1961, 대만)	1. β -sitosterol과 oleanolic acid 및 사포게닌 분리 2. Ginsengenin (분자식 $C_{30}H_{50}O_3$, m.p. 245~247°), stigmasterol 분리	2. 중국 지린(Kirin)지역 인삼 사용. 메탄올, 물 및 에테르 (diethyl ether)이용하여 지용성 성분 제거하고 사포닌 분획 얻음	TLC 방법 이용하여 인삼 사포닌 분리 시작
1.에일라코프 (1962) 2.Wagner-Jauregg (1962) 3. Fujita등**	1.2종의 Panaxoside A와 B 분리 2.사포게닌인 panaxol 분리하여 분자식 ($C_{29}H_{50}O_3$) 보고함 3. Panaxadiol 분자식 ($C_{30}H_{52}O_3$) 분리	1. 우수리 지방 인삼 사용 3. 일본산 인삼 및 조선인삼 사용	당이 붙은 인삼 사포닌 분리

*1930년대 코다케 박사는 인삼 사포닌을 분리하는데 있어서, 인삼 사포닌 분석 연구에서 근대와 현대를 잇는 중요한 가교역할을 하였다.

**1854년부터 1930년까지 미국, 일본 및 그 외 국가에서 수행된 인삼 성분과 관련된 연구들은 30년이 지난 1960년대 초반 일본의 시바타 쇼지 교수 그룹이 인삼 사포닌 분리 및 화학 구조를 밝히는데 결정적인 정보들을 제공하였다.

1900년도 초창기 연구자들이 인삼 사포닌 분획을 얻기 위하여 사용한 용매 및 방법:

인삼 분말을 메탄올(혹은 에탄올) 추출→에테르 추가 추출 → 지용성 성분 제거(파이토스테롤, 정유 및 지방산 등)→에테르에 녹지 않은 사포닌 성분 확보 → 유기납(organic lead)을 이용하여 추가 페놀 성분 제거 → 황화수소를 이용하여 납 제거→ 최종 조사포닌 분획 확보

표 2-2. 인삼 연구자들이 인삼 사포닌 성분 및 산 가수분해 생성물에 붙인 이름 요약

19~20세기 초 세계 연구자들에 의한 인삼 사포닌(배당체) 분리, 산 분해 산물 명칭 및 특성 규명 과정 요약		
처음 발견 당시 분석 결과 당이 붙어 있는 온전한 배당체(인삼 사포닌)나 사포닌의 산 가수분해 산물이라고 가정했던 성분명들	인삼사포닌 일부 당이 떨어져 나간 물질들에 대하여 여러 연구 그룹에 의하여 prosapogenin이나 사포게닌으로 판명된 인삼 성분들	인삼 사포닌 강산 처리에 의하여 당이 모두 떨어지고 골격 구조만 남은 성분(sapogenin)의 분자식 및 특징
Panaquilon (Garrigues, 1854년)	Panacon + glucose	Kondo 등(1915~1920년)은 조선 인삼과 가이즈 인삼에서 사포게닌($C_{27}H_{48}O_3$, m.p. 242.5°)과 포도당을 분리했지만 이름을 붙이지 않았다.
Panaxin (Kotake, 1930년)	α-Panaxin + glucose $C_{30}H_{53}O_3 \cdot Cl$ m.p. 209-211°	
Ginsenin (Yonekawa, 1926년)	m.p. >270° (Asahina 등) m.p. 330° (Fusita 등) + glucose	
Ginsengenin (Lin, 1961년)	$C_{30}H_{50}O_3$, m.p. 245-247°	
Panaxoside A와 B (Elyakov, 1962)과 panaxogenin	당이 결합된 2종류 인삼 사포닌을 처음 분리하고 산 가수분해 생성물을 panaxogenin이라 부름	
Panaxadiol (1962년 시바타 등)	인삼 강산 분해 산물. 결정 형태로 분리함 $C_{30}H_{52}O_3$, 분자량 MW=460, m.p. 250°.	시바타 교수 그룹이 처음으로 이름을 붙임
1962년 시바타 교수 그룹은 인삼의 화학적 구조와 관련된 첫 논문을 발표하였다. 이 연구를 통하여, 그 동안 다른 여러 연구자들이 개별적으로 붙였던 사포게닌을 panaxadiol이란 이름들을 붙여 통일하게 된다. 즉, 백삼과 죽절 인삼 사포닌 분획을 강산으로 분해하고 남은 분해 산물을 적외선 분광법(IR spectrum)을 통해 panaxadiol(분자식 $C_{30}H_{52}O_3$, 분자량 460, m.p. 250°)이라고 밝혔다. 시바타 교수 그룹에 의하여 결정 형태로 순수 분리된 panaxadiol은 전체 인삼 사포닌 구조를 밝히는데 key 역할을 한다(제4장).		

시바타 쇼지 교수가 인삼 사포닌 화학적 구조를 밝히기 위한 연구를 시작한 계기와 러시아 과학자 엘리아코프 박사 사이의 경쟁 관계 형성

제2차 세계 대전이 끝나고, 1960년대는 과학 기술 분석 기술 및 분석 장비들이 눈부시게 개발되고 있는 단계였다. 그동안, 천연물 혹은 한약재(생약)에서 생리활성 혹은 약리 활성 물질을 분리하여 화학구조를 모르는 물질들이 대부분이었다. 그러나, 최신 분석 장비들을 이용하여, 특히, 한약 유래 천연물에 함유된 약리 활성 성분의 화학 구조 규명에 관심이 많았다. 과학자들이 최신 분석 장비를 이용하여 직접 연구하는 시기였다. 즉, 일본은 한약재natural drugs에 함유된 생리활성 및 약리 활성 성분들을 분리하여 찾아내는 연구를 이미 1950년대부터 진행하고 있었다.

1960년대 초반 그 당시, 시바타 교수는 동경대에서 인삼이 아닌 다른 한약재(생약)인 시호柴胡에 함유된 사포닌을 연구를 하고 있었다. 시바타 교수가 시호 연구에서 인삼 사포닌 연구로 전환한 계기는 잘 알려지지 않고 있다. 참고 자료에 따르면, 시바타 교수가 시호 연구를 하는 중에 다른 일본 과학자가 이미 앞서가고 있어서 시바타 쇼지 교수가 시호 연구를 포기했다는 이야기도 있다. 또 다른 이유는, 그가 유럽 여행 중 러시아 과학자들(엘리아코프)이 동양의 인삼 사포닌을 연구한다는 소식을 듣고 갑자기 인삼으로 주제를 바꾸었다는 이야기도 있다. 이유야 어쨌든, 1962년 이후부터 시바타 교수 연구 그룹은 인삼 사포닌의 화학구조와 관련된 인삼 관련 논문들을 학술지에 발표하기 시작한다.

위에서 기술한 바와같이, 1962년도 같은 해에 러시아의 엘리아코프 박사 그룹에서 인삼 사포닌 성분 분리에 대한 발표를 하고, 시바타 교수 그룹은 인삼 사포게닌인 파낙사다이올의 화학 구조에 대한 연구 결과를 발표한다(제16장). 그래서, 두 나라의 인삼 사포닌 연구 그룹 간에 인삼 사포닌 분리 및 화학구조 규명에 대한 우위를 지키기 위한 경쟁 관계가 자연스럽게 형성된다. 그러나, 시바타 교수 그룹은 정확한 인삼 사포닌 화학 구조를 밝히는데 최종 승자가 된다. 시바타 교수 그룹이 어떻게 러시아 그룹과 경쟁 과정에서 이기는지 그 과정은 관련된 제16장에서 좀 더 자세하게 기술되어 있다.

제 3 장

인삼 사포닌 화학 구조 해석 과정의 이해를 높이기 위한 길라잡이

....

본 장은 독자들이 시바타 교수 그룹이 어떤 전략으로 인삼 사포닌의 화학구조를 밝히기 위하여 접근하였는가를 이해하기 쉽게 미리 간략하게 요약하였다. 시바타 교수 그룹이 인삼 사포닌 구조를 규명하기 위하여 활용한 방법 중의 하나는 인삼 사포게닌이나 프로사포게닌과 화학구조가 유사하면서 이미 화학구조가 검증된 화학물질들을 미리 확보하고 활용하는 것이었다. 이미 확보된 화학물질의 입체 화학구조에 근거하여 인삼 사포게닌이나 프로사포게닌의 기본 골격 화학구조를 정확하게 비교 검증하였다(그림 3-1). 이를 근거로 시바타 교수 그룹은 인삼 사포게닌이나 프로사포게닌의 화학구조를 최종 결정하였다. 독자들이 본 장에 제시한 인삼 사포게닌과 프로사포게닌의 유사한 화합물들을 미리 확인하고, 이들이 어떻게 도움을 주었는지 이해하면, 시바타 교수 그룹이 인삼 사포닌 화학구조를 밝히는 과정을 보다 쉽게 이해할 수 있을 것 같아 본 장을 준비하였다.

인삼 사포닌 기본 골격 구조 탄소 번호(number) 순서

Diol-type 인삼 사포닌의 사포게닌인 파낙사다이올의 화학구조

파낙사다이올은 diol-type 인삼 사포닌 강산 분해 산물로 형성된다. 시바타 교수 그룹은 후속 연구를 통하여 파낙사다이올은 강산으로 인삼 사포닌을 가수분해하면, 인삼 사포게닌의 측쇄side chain가 산 촉매에 의하여 고리ring로 변환되어 생기는 인공 물질artifact임을 확인하였다(그림 3-2)(제5장).

Triol-type 인삼 사포닌의 사포게닌인 파낙사트리올의 화학 구조

파낙사트리올은 triol-type 인삼 사포닌 강산 분해 산물로 형성된다. 시바타 교수 그룹은 후속 연구를 통하여 파낙사트리올 역시 파낙사다이올와 같이 강산으로 가수분해하면, 인삼 사포게닌의 측쇄side chain 산 촉매에 의하여 고리ring로 변환되어 생기는 인공 물질artifact임을 확인하였다(그림 3-3)(제9장).

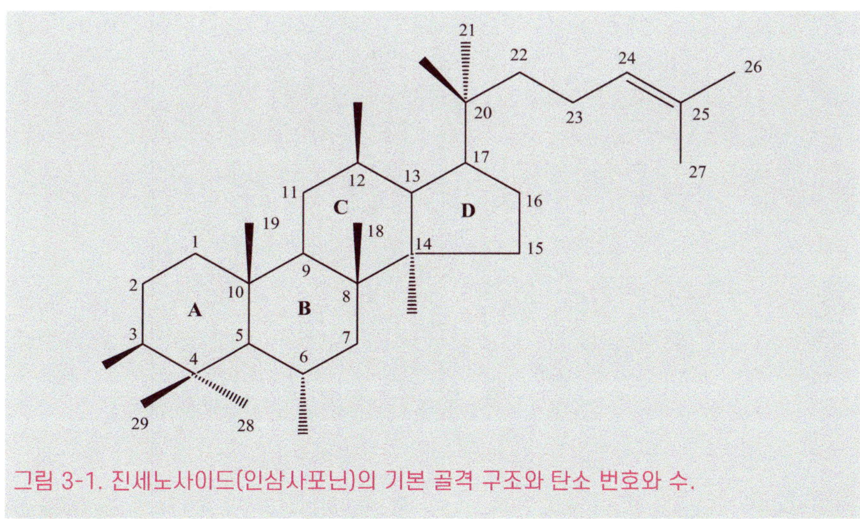

그림 3-1. 진세노사이드(인삼사포닌)의 기본 골격 구조와 탄소 번호와 수.

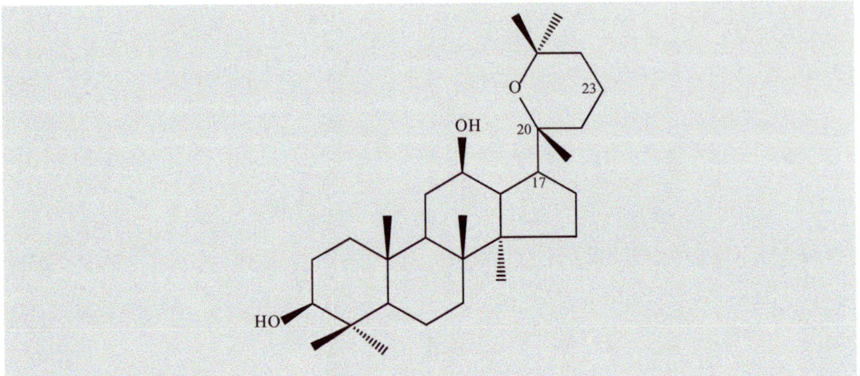

그림 3-2. 파낙사다이올의 화학구조. 파낙사다이올은 처음으로 인삼에서 분리된 사포게닌이다. 후속 연구를 통하여 인삼의 진짜 사포게닌은 파낙사다이올이 아니고, 프로토파낙사다이올인 것으로 나타났다.

Diol-type 인삼 사포닌의 진짜 사포게닌인 프로토파낙사다이올의 화학 구조

프로토파낙사다이올은 diol-type 인삼 사포닌을 강산 대신, Smith's degradation이라는 다른 방법으로 파낙사다이올이 생기지 않도록 인삼 사포닌을 가수분해하면 만들어진다. 시바타 교수 그룹은 후속 연구

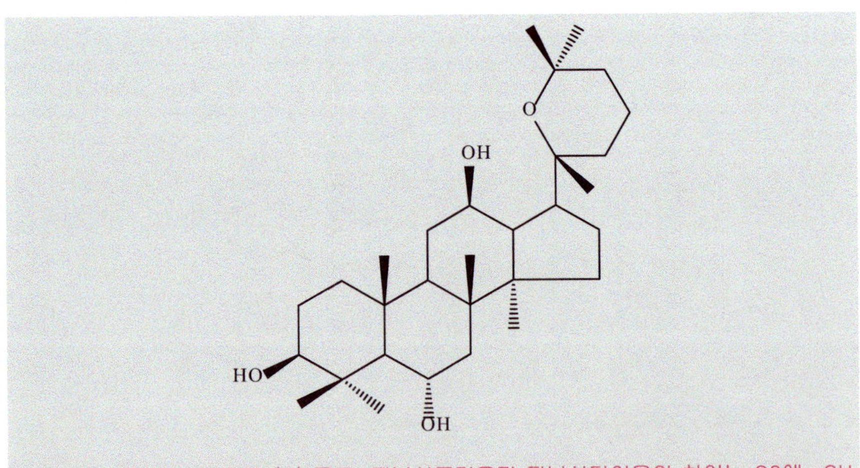

그림 3-3. 파낙사트리올의 화학구조. 파낙사트리올과 파낙사다이올의 차이는 C6에 -OH group이 추가로 존재한다.

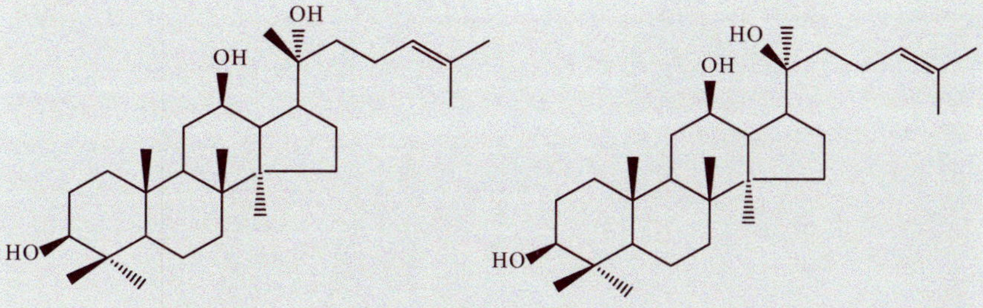

20(R)-protopanaxadiol 20(S)-protopanaxadiol

그림 3-4. 20(R)-프로토파낙사다이올과 20(S)-프로토파낙사다이올의 화학 구조.

를 통하여 프로토파낙사다이올은 인삼 사포닌의 진짜 사포게닌이라는 것을 확인하였다(제5장). 또, 프로토파낙사다이올은 C20에서 2종류의 C20R-epimer와 C20S-epimer가 존재함을 확인하였다(그림 3-4).

Triol-type 인삼 사포닌의 진짜 사포게닌인 프로토파낙사트리올의 화학 구조

프로토파낙사트리올은 triol-type 인삼 사포닌을 강산 대신에 다른 방법으로 파낙사트리올이 생기지 않도록 인삼 사포닌을 가수분해하면 만들어진다. 시바타 교수 그룹은 후속 연구를 통하여 프로토파낙사트리올은 Triol-type 인삼 사포닌의 진짜 사포게닌이다라는 것

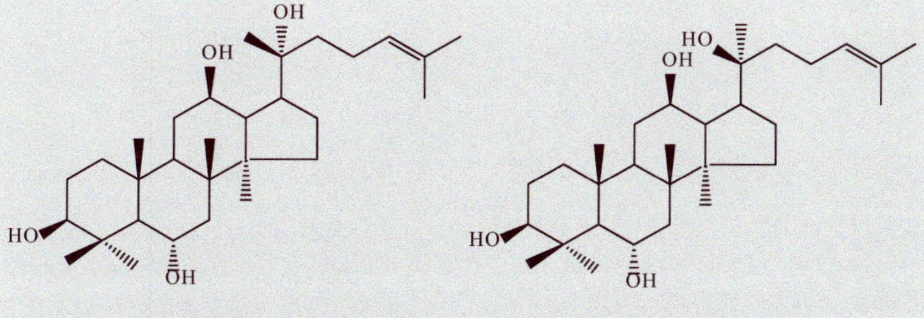

20(R)-protopanaxatriol 20(S)-protopanaxatriol

그림 3-5. 20(R)-프로토파낙사트리올과 20(S)-프로토파낙사트리올의 화학구조.

을 확인하였다. 또, 프로토파낙사트리올은 C20에서 2종류의 C20R-epimer와 C20S-epimer가 존재함을 확인하였다(그림 3-5).

인삼 사포게닌이나 인삼 프로사포게닌과 유사한 구조를 지닌 화학물질들

Dipterocarpol(3-keto-3-deoxydammarenediol II)

파낙사다이올의 C17α *trans* form 결정에 도움을 주었고(그림 6-2), 또 C3 위치에 당이 붙은 것을 결정하는데 도움을 주었다(그림 3-6).

인삼 사포닌의 골격 구조와 유사한 화학구조를 가지고 있는 화합물들의 화학구조

Isotirucallenol과 α,β-unsaturated ketonic compound

인삼 사포게닌인 파낙사다이올은 2개의 –OH group을 가지고 있다(그림 3-2). 그 중 하나는, 아세틸레이션이나 메틸레이션이 잘 안되는 –OH group으로 존재한다. 그래서 시바타 교수 그룹은 그 –OH group을 "아세틸레이션이나 메틸레이션이 방해받는 –OH group 혹은 감춰진 –OH group이라고 불렀다(hindered hydroxyl group in

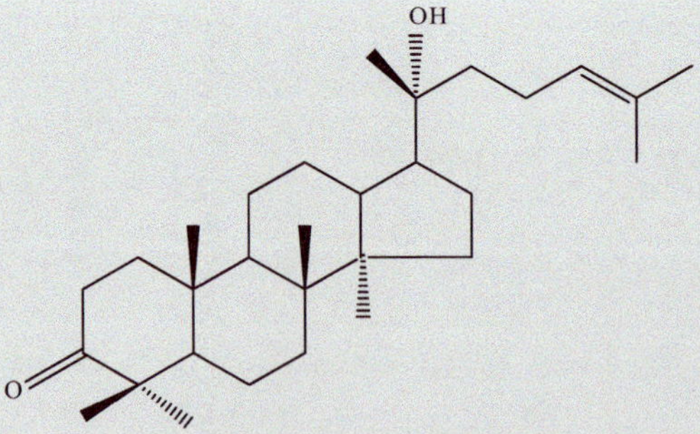

그림 3-6. 디프테로카르폴(3-케토-3-데옥시다마렌디올 I)의 화학 구조.

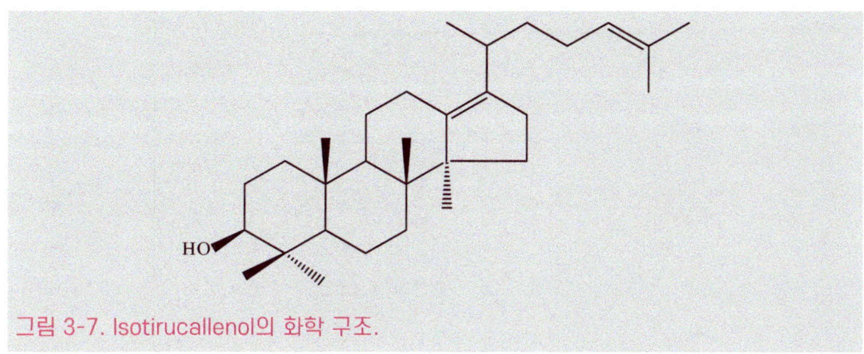

그림 3-7. Isotirucallenol의 화학 구조.

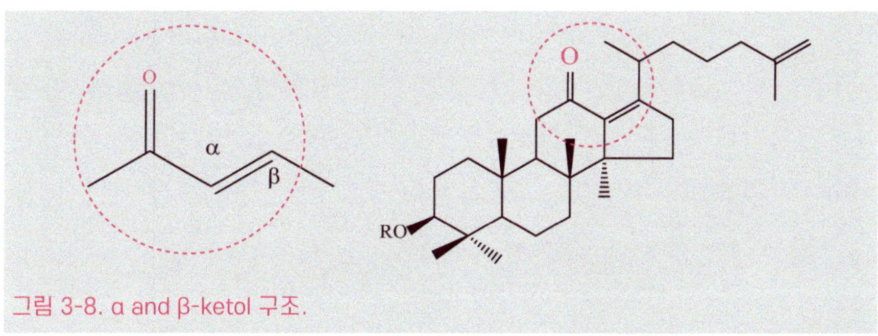

그림 3-8. α and β-ketol 구조.

panaxadiol)(제4장). Isotirucallenol은 이 숨겨진 –OH group을 찾는데 도움을 주었다. 결국, 그 위치는 C12인 것으로 나타났다(**그림 3-7**)(제4장). 또 α, β-unsaturated ketonic compound 형성하는 것을 확인하고, 최종적으로 C12에 붙은 –OH group이 해당되는 것을 확인하였다(**그림 3-8**). Isotirucallenol의 acetylation을 통하여 C3 keto체 형성을 만들어 panaxadiol의 C3에 –OH group있는 것 확인 및 결정에도 도움을 주었다.

R(–)-linalool

파낙사다이올의 side chain의 입체 구조(20R-epimer)와 측쇄 고리 형성ring formation 화학구조 결정에 도움을 준 화학물질이다(**그림 3-9**). 먼저, 파낙사다이올을 이용하여 파낙사다이올의 측쇄(side chain)가

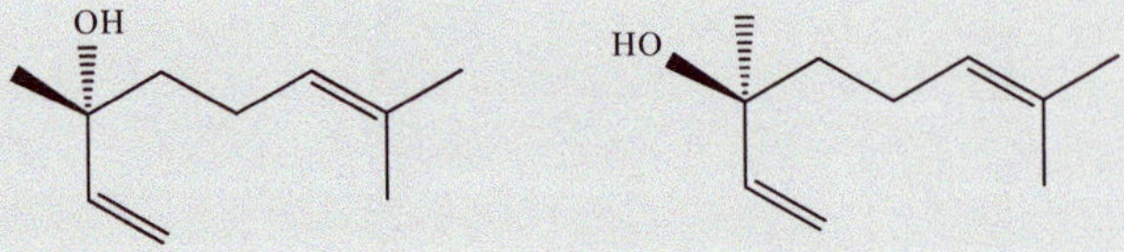

그림 3-9. (R)-(-)-linalool and (S)-(-)-linalool의 화학 구조.

변형되어 생긴 고리ring의 화학구조인 trimethyl-tetrahydropyrane에서 유도되는 methyl cinenate 합성하였다. 이어서, R(–)-linalool의 화학구조 변형을 통하여, methyl cinenate를 합성하였다. 따라서, 파낙사다이올에서 유래한 methyl cinenate와 R(–)-linalool에서 유래한 methyl cinenate가 같은 물질임을 증명하였다(제5장). 그래서, 인삼 사포닌 강산 가수분해 산물로 생성된 파낙사다이올의 C17과 연결된 trimethyl-tetrahydropyrane의 화학 구조라는 것을 검증하는데 도움이 되었다. 또, 산 가수분해 결과 생긴 파낙사다이올과 프로토파낙사다이올의 C20에 결합된 –OH group이 R-form이라는 것을 확인하는데 도움을 주었다(제5장).

트리메틸-테트라하이드로피란(Trimethyl-tetrahydropyrane)

인삼 사포닌이 강산에 가수분해되면서 인공 산물로 생성된 물질이다. 트리메틸-테트라하이드로피란은 인삼 사포닌을 구성하는 측쇄side chain인 C20에 위치한 –OH group과 C24에 위치한 이중 결합double bond가 산 촉매acid catalysis에 의하여 고리ring가 형성될 때 만들어지는 물질이다. 시바타 교수 그룹은 처음에는 트리메틸-테트라하이드로피란 고리가 진짜로 생각했으나, 추가 실험을 통하여 산 가수분해할 때 존재하는 H^+ 추가에 의하여 만들어지는 것으로 결론을 내렸다(제5장).

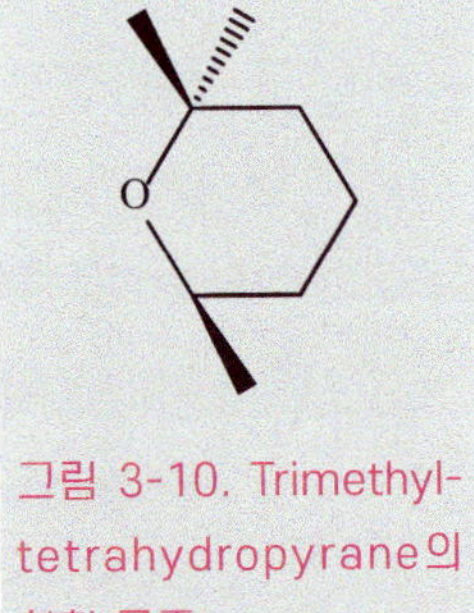

그림 3-10. Trimethyl-tetrahydropyrane의 화학 구조.

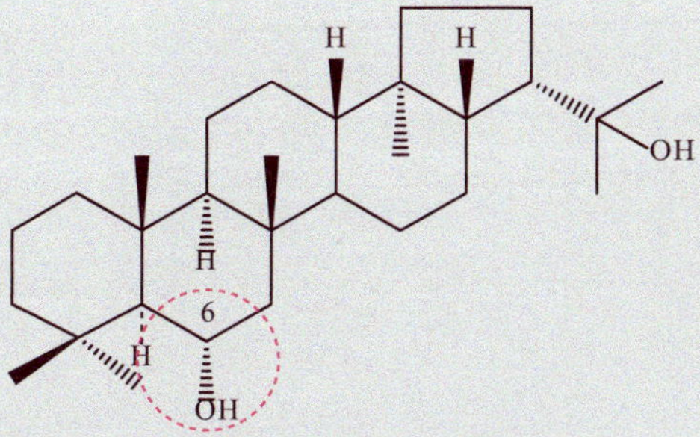

그림 3-11. Zeorin의 화학 구조. 붉은색의 점선 원은 triol-type 진세노사이드의 3번째 -OH group의 위치를 결정하는데 정보를 제공하였다.

Zeorin

Protopanaxatriol의 C6의 –OH group 위치 결정에 도움을 준 화학물질이다. 또, 프로토파낙사다이올의 C20의 R-form과 S-form epimer의 결정에도 도움을 주었다(**그림 3-11**).

인삼 사포게닌 기본 골격 구조와 유사한 구조를 지닌 화학물질들

Dammaranediol-I과 Dammaranediol-II는 *Shorea wiesneri* 식물 등에서 추출한 담마르 레진에서 분리한 물질이다. **그림 3-12**A, B 및 C에서 보듯이 20R-디히도로프로토파낙사다이올과 담마란디올-I과 다른 점은 20R-디히도로프로토파낙사다이올은 C12에 β-form의 –OH group을 가지고 있는 반면에, 담마란디올-I은 C12에 β-form의 –OH group을 가지고 있지 않다(제6장). 또, 담마란디올과 프로토파낙사다이올과의 화학구조 유사성은 인삼 사포닌이 담마란 계통의 테르펜노이드 사포닌 일종이라는 추가 단서를 제공한다.

Dammaranediol-II과 20S-디히드로프로토파낙사다이올 다른 점은, 20S-디히드로프로토파낙사다이올은 C12에 β-form의 –OH group을 가지고 있는 반면에, 담마란디올-II은 C12에 β-form의 –OH group

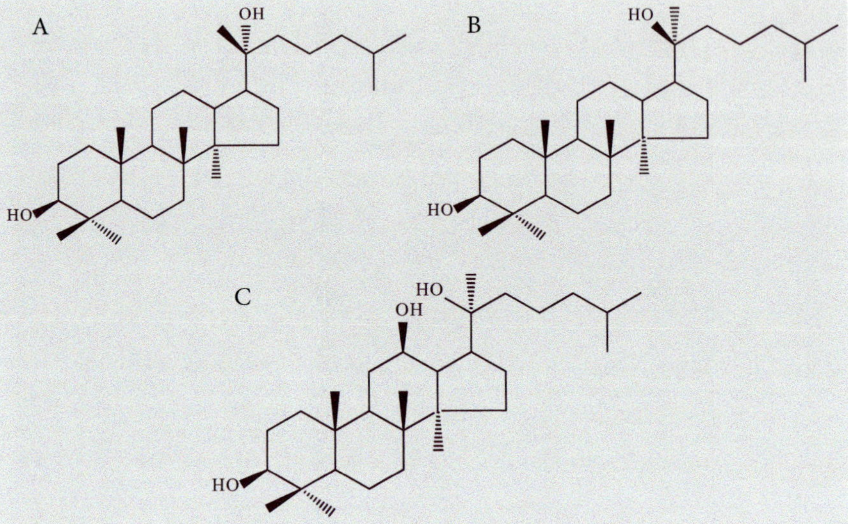

A

B

C

그림 3-12. A: Dammaranediol I의 화학구조, B: Dammaranediol II의 화학구조, C: C20(S)-dihydroprotopanaxadiol의 화학구조.

을 가지고 있지 않다(그림 3-13A, 제6장).

담마렌디올-II(Dammarenediol-II)과 프로토파낙사다이올과 다른 점은, 20S-프로토파낙사다이올은 C12에 β-form의 –OH group을 가지고 있는 반면에, 담마렌디올-II는 C12에 β-form의 –OH group을 가지고 있지 않다(그림 3-13B, 제6장).

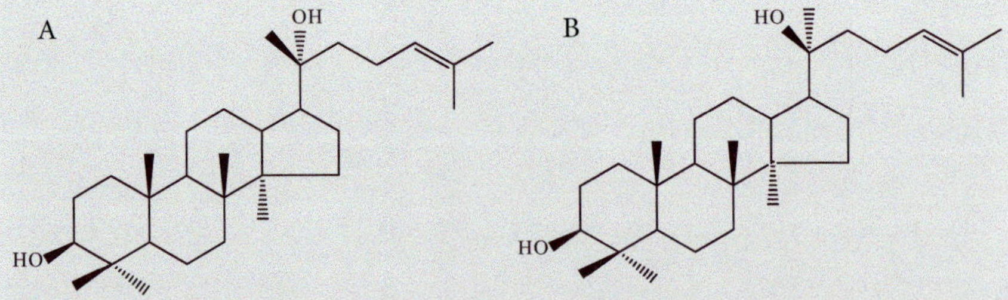

A

B

그림 3-13. A: Dammarenediol I의 화학 구조, B: Dammarenediol II의 화학 구조

Betulafolianetriol은 어린 흰 자작나무 잎에서 분리된 물질이다(그림 3-14A). Betulafolianetriol은 3-epi-12β-hydroxydammaranediol-II와 같다. 또, Betulafolianetriol은 3-epi-20(S)-dihydroprotopanaxadiol로 표현할 수 있다(제7장). 즉, betulafolianetriol을 protopanaxadiol과 비교하면, betulafolianetriol은, C3에 α–OH group을 가지고 있지만, protopanaxadiol은 C3에 β–OH group을 가지고 있다(그림 3-14B와 C). 또, betulafolianetriol은 C24에 double bond가 없다는 것이 protopanaxadiol과는 다른 점이다(그림 3-14C).

Betulafolienetriol은 3-epi-12β-hydroxydammarenediol-II로 표현할 수 있다(그림 3-14B). 또 다른 화합물과 연계해서 표현하면, 20-epi-protopanaxadiol = 20(S)-protopanaxadiol = 3-epi-betulafolienetriol로 표현할 수 있다(제6장). 즉, betulafolienetriol을 protopanaxadiol과 비교하면, 단순히 C3 epimer이다. 그래

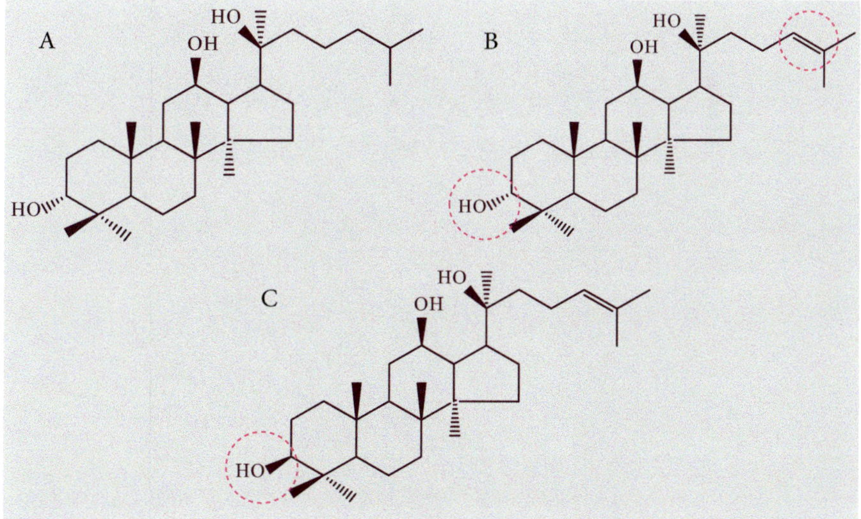

그림 3-14. A: Betulafolianetriol의 화학 구조, B: Betulafolienetriol의 화학 구조, C: 20(S)-protopanaxadiol의 화학 구조. 20(S)-protopanaxadiol가 betulafolienetriol과 다른 점은 C3의 존재하는 -OH group이 β-form이라는 것이다(red circle).

서, protopanaxadiol의 C3 epimer를 만들면, 즉, 다시 기술하면, betulafolienetriol의 C3 α-OH group을 β-OH group로 전환시키면 protopanaxadiol이 된다(**그림 3-14**B와 C).

이와 관련해서 에피소드가 하나 있다. 1975년 한병훈 교수는 흰 자작나무 잎에 betulafolienetriol이 많이 함유되어 있다는 것을 확인하였다. 그래서, 그는 흰 자작나무 잎에서 분리한 betulafolienetriol을 단순 화학 변형(C3 α-OH에서 C3 β-OH)을 통하여 프로토파낙사다이올을 대량 합성하는 시도를 하였다(**그림 3-15**). 그러나, 그 당시 인삼 생산 단체에서 인삼 산업 발전에 방해가 된다고, 관련 정부 부서에 항의하여 한병훈 교수에 의한 betulafolienetriol에서 프로토파낙사다이올 대량 합성하려는 계획은 무산되었다(제7장). 25년이 지나서, 소련이 망한 뒤 러시아 과학자들이 betulafolienetriol을 이용하여 프로토파낙사다이올 대량 생산하는 연구 계획서를 우리나라 정부 연구기관에 제안

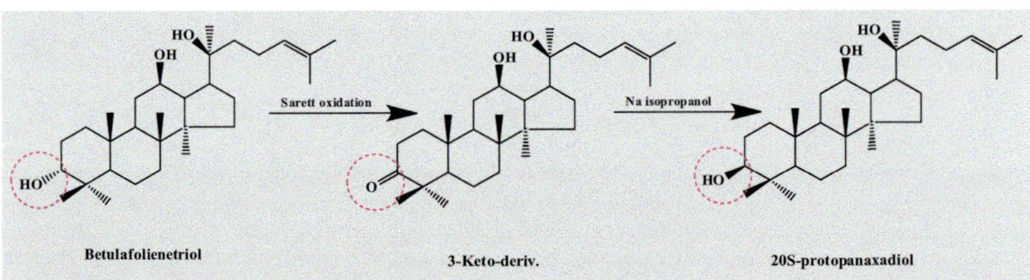

그림 3-15. 1971년 한병훈 교수는 흰 자작나무 잎에서 순수 분리한 betulafolienetriol을 이용하여 위의 간단한 2단계 화학 반응을 통하여 protopanaxadiol를 대량으로 만들고자 시도 했었다(더 자세한 관련 설명은 제7장 참조). 중간 물질로 keto체를 만든 후 C3의 α-OH group을 C3의 β-OH group으로 C3 입체 구조를 바꾸면 인삼 sapogenin인 20S-protopanaxadiol이 된다(red circle). 한병훈 교수는 이 계획을 인삼 생산 단체의 항의와 정부의 개입으로 중도에 포기했다고 회고하고 있다. 인삼 연구자들에서 기존의 물질에서 새로운 물질을 창조하고자 시도하는 연구자들이 많이 나와야 한다. 그 이유는 여기에 당을 붙이면 온전한 diol-type 계통의 인삼 사포닌 되어 *in vitro*에서 진세노사이드 대량 합성이 가능하기 때문이다(제14장). 그렇지 않고 특정 단체에서 제공하는 단순 인삼 추출 시료만 가지고 연구하면 창의성을 발휘할 수 없고, 우리나라 인삼 연구 분야 발전을 기대할 수 없다.

하였고, 한병훈 교수는 지원 여부를 심사하게 되었다. 한병훈 교수는 본인이 먼저 제안한 계획서는 진행하지 못했는데, 다른 나라 연구자가 제안한 연구 과제를 지원하는 것은 넌센스라고 하여, 그 과제 진행이 이루어지지 않았다는 일화가 있다(더 자세한 내용은 제7장 참조).

시바타 교수 그룹이 인삼 사포닌 화학 구조 해석을 위한 접근 전략

시바타 교수 그룹은 아래와 같은 순서로 인삼 사포닌 화학구조를 해석하였다.

1) 인삼 조사포닌 분획crude ginseng saponin fraction 분리, 산 가수분해에 의한 사포게닌 분리와 기본 골격 구조backbone structure가 이미 알려진 화학물질들의 골격 화학 구조 유사성 검증을 통한 인삼 사포게닌 화학구조 규명.
2) 인삼 사포닌에서 유래된 사포게닌, 즉 파낙사다이올에 부착된 2개의 –OH group 위치와 입체 구조 결정과 C17와 연결된 고리 화학(트리메틸-테트라하이드로피란) 구조 확인 및 C17 입체 화학구조 결정.
3) Thin layer chromatography(TLC)에 의한 개별 인삼 사포닌 분리 성공.
4) 인삼 사포닌에서 유래된 사포게닌, 즉 파낙사트리올에 부착된 3번째 –OH group 위치와 입체 화학구조 결정
5) 인삼 사포닌에서 유래된 사포게닌의 측쇄side chain의 입체 화학구조와 이중 결합 위치 확인.
6) 인삼 사포닌에서 유래된 사포게닌의 측쇄의 C20 epimers 입체 화학구조 특징 확인.
7) Diol-type 인삼 프로사포게닌과 triol-type 인삼 프로사포게닌에 부착된 당 위치 및 입체 구조 검증.

8) 최종 Diol-type 인삼 사포닌과 triol-type 인삼 사포닌(진세노사이드)에 부착된 당 위치 및 입체 구조 검증

이런 순차적인 과정을 통하여 시바타 교수 그룹은 인삼에 함유된 주요 인삼 사포닌(ginsenoside Ro, Rb1, Rb2, Rc, Rd, Re, Rf, Rg1, Rg2, Rg3, Rh1과 Rh2)들의 완전한 화학구조를 완전하게 밝혔다. 그 결과, 시바타 교수 그룹은 인삼 사포닌 화학구조 해석을 위한 근본적이고 원천적인 방법을 확보해 놓았다. 그 뒤 다른 연구자들은 시바타 교수 그룹이 일궈놓은 지식을 근거로 다른 인삼 사포닌들의 화학구조를 추가로 밝혔다(제8장).

제 4 장

인삼 사포닌 분리 및 사포닌 화학 구조 규명 연구의 시작

시바타 교수 그룹이 인삼 사포닌 초창기 연구에서 사용한 백삼 유래 조사포닌(crude saponin) 분리 방법

현재는 인삼으로부터 인삼 사포닌을 분리하는 방법은 잘 확립되어 있다. 그러나, 1960년 초반에만 해도 인삼에 함유된 다른 성분들을 제거하고 인삼 사포닌만을 분리하는 기술은 초보적인 수준이었다. 시바타 교수 그룹은 그 전의 여러 과학자들이 활용했던 방법을 수정·활용하여 일본 혹은 한국에서 생산된 인삼에서 인삼 사포닌을 분리하였다. 시바타 교수 그룹이 사용했던 방법을 여기에 간략하게 소개한다(그림 4-1). 1900년도 초창기 콘도Kondo를 포함한 일본 연구자들이 인삼 사포닌 분획을 얻기 위하여 사용한 용매 및 방법으로, 지금과는 달리 인삼 추출의 첫 단계로 백삼 분말을 다이에틸에테르diethyl ether로 먼저 추출하였다. 인삼 사포닌은 다이에틸 에테르에 잘 녹지 않는다. 그러나, 인삼에 포함된 정유精油(식물에 포함된 휘발성 오일 성분들) 및 지질 성분들은 다이에틸 에테르에 잘 녹는다. 그래서, 다이에틸 에테르에 녹지 않은 분획을 모은 다음 메탄올로 추가 추출하는 순서를 밟았다. 사실, 에테르를 사용한 이유는 1854년 미국의 거리게스가 처음으로 서양삼에서 분리한 배당체는 에테르에는 잘 녹지 않지만, 알콜에는 잘 녹는다고 발표한 논문에 기술하였었다.

반대로, 인삼 사포닌은 메탄올에 잘 용해된다. 인삼 사포닌이 포함된 메탄올 분획에 아세트산 납lead acetate 용액을 추가하면, 아세트산 납은 메탄올 분획에 인삼 사포닌과 함께 존재하는 페놀 성분과 결합 및 침전시키고, 그 결과 생긴 침전물을 제거한다. 침전물이 제거된 상층액에 염기성 아세트산 납basic lead acetate을 한 번 더 처리하여 다시 침전물을 제거한다. 침전물이 제거된 남은 상층액에 희석된 황산 용액에 황화수소(H_2S)로 처리하여 상층 여과물에 녹아서 남아 있는 납 성분

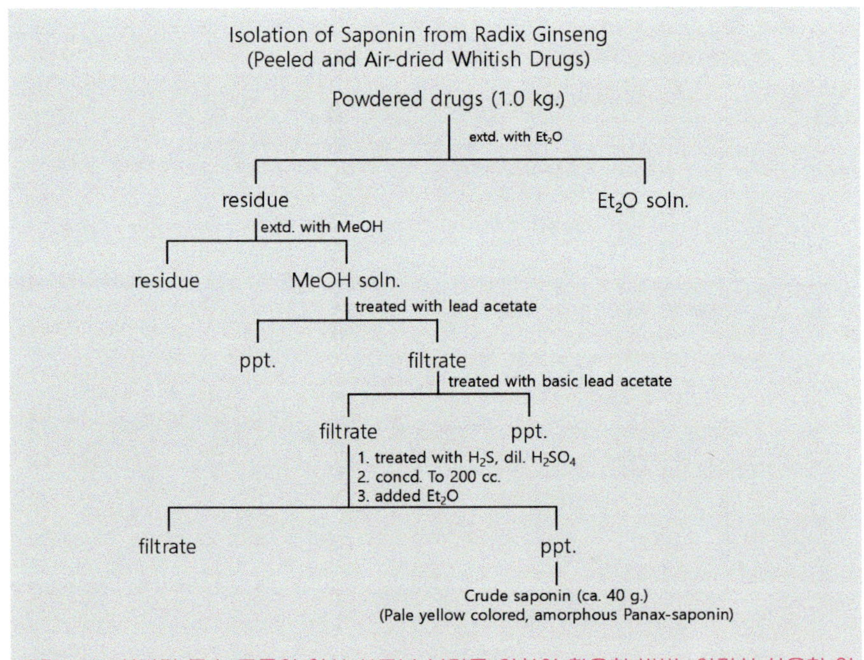

그림 4-1. 시바타 교수 그룹이 인삼 사포닌 분리를 위하여 활용한 방법. 여기서 사용한 인삼은 일본에서 생산된 조선종 인삼이다. 시바타 교수 그룹은 인삼 피부가 제거되고 건조한 흰색의 인삼을 사용하였다. 薬誌, 82, 1634 (1962).

을 제거한다. 납 성분이 제거된 여과물을 농축하고 다시 추가로 다이에틸 에테르를 처리하여 남아 있을지도 모르는 정유 및 지방 성분들을 추가로 제거하여 침전물을 얻는다. 이 결과 얻은 분획을 시바타 교수 그룹은 인삼 조사포닌 분획crude ginseng saponin fraction이라고 불렀다. 조사포닌 수율은 약 4%였다(그림 4-1). 인삼 조사포닌 분획의 성상은 엷은 노란색pale yellow color이었고, 형태가 없는 분말amorphous powder이었다(그림 4-1). 이 인삼 조사포닌 분획을 물에 녹여서 흔들면 사포닌 특유의 거품foam이 생기고, 농도 높은 황산(conc. H_2SO_4)으로 처리하면 적색red color을 나타내었다. 현재, 사포닌 존재 여부를 검증하는 대표 정성적인 방법은 사포닌을 물에 녹여서 흔들면 거품이 생기고, 황산 처리에 의한 적색 발색 반응으로 확인한다(제1장).

인삼 조사포닌의 부분적 가수분해를 통한 프로사포게닌(prosapogenin) 준비

시바타 교수 그룹은 위에서 기술한 방법에 따라 준비한 인삼 조사포닌 분획을 40% 주정에 녹인 후, 높은 농도(20%)의 염산(conc. HCl) 처리하고 **40분간 가열**해서 인삼 사포닌에서 유래한 프로사포게닌이 만들었다. 분리된 프로사포게닌에 phenylhydrazine·HCl로 처리하면 글루코사존glucosazone, m.p. 208°(decomp.)를 형성하는 것을 확인하고, 인삼 프로사포게닌에 당이 존재함을 증명하였다. 또, paper chromatography 결과와 비교하여 glucose가 분리·존재하는 것을 추가로 확인하였다(그림 4-2).

Prosapogenin 가수분해를 통한 sapogenin(panaxadiol) 분리

다음 단계로, 인삼 조사포닌 분획을 40% 주정에 녹인 후 희석한 20% 진한(conc.) 염산으로 처리(**4시간 가열**)에 의한 인삼 프로사

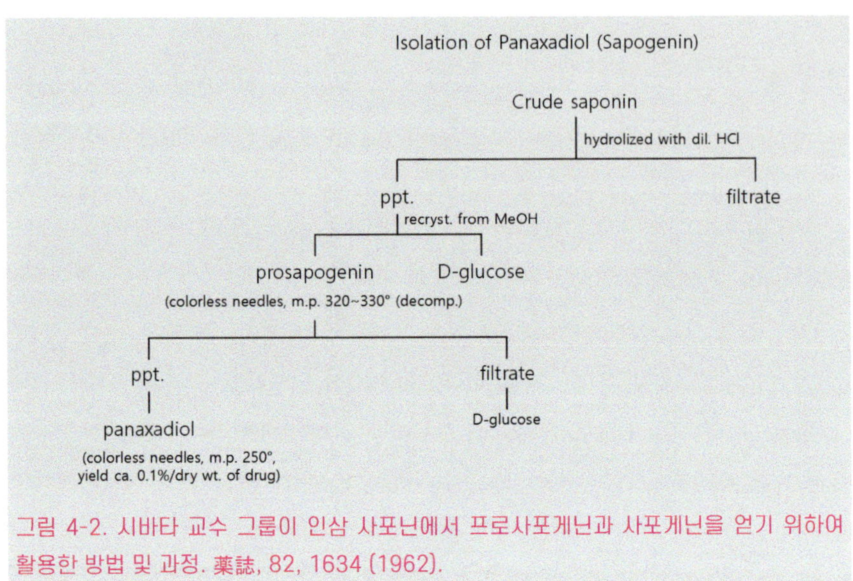

그림 4-2. 시바타 교수 그룹이 인삼 사포닌에서 프로사포게닌과 사포게닌을 얻기 위하여 활용한 방법 및 과정. 薬誌, 82, 1634 (1962).

포게닌이 사포게닌으로 추가 분해되도록 한 후 사포게닌을 분리 정제하였다. 분리된 사포게닌은 무색 침상 결정 형태의 물질이었다(m.p. 244~250°). Phenylhydrazine·HCl로 처리하면 glucosazone, mp 208°(decomp)를 형성하는 것을 확인하였다. 추가로 Paper chromatography의 분석을 통하여 glucose를 확인하였다. 이때 인삼 사포게닌의 수율은 약 0.1%였다(그림 4-2). 두 번의 인삼 사포닌 산 가수분해를 통하여 인삼 사포닌에 부착된 당들이 모두 제거된 사포게닌sapogenin을 얻었다. 시바타 교수 그룹은 인삼에서 분리된 사포게닌을 **파낙사다이올**panaxadiol이라 불렀다. 파낙사다이올의 분자식은 $C_{30}H_{52}O_3$ (MW=460, m.p. 250°)이었다.

한 가지 흥미로운 것은, 시바타 교수 그룹에서 인삼 사포닌을 분리하고, 한 번의 산 가수분해를 통하여 얻은 프로사포게닌에서 다시 추가 가수분해를 통하여 얻은 사포게닌을 분리하고, 사포게닌의 분자식을 부여하였다. 분리된 사포게닌의 이름을 **파낙사다이올**

(panaxadiol)이라 불렀다. 이때, 인삼 조사포닌 분획은 triol-type 인삼 사포닌도 포함하고 있기 때문에(제9장), 염산과 같은 무기산으로 가수분해하면, 파낙사다이올만 생성되는 것이 아니었을 것이다. 파낙사트리올panaxatriol도 만들어진다. 그 당시 시바타 교수 그룹이 발표한 논문에는 파낙사다이올 외에 다른 사포게닌(파낙사트리올)이라는, 또 다른 사포게닌 존재에 대하여 전혀 언급하지 않았다. 그러다가 몇 년이 지나서야 파낙사트리올의 존재를 언급하고 화학 구조를 파낙사다이올과 비교하여 파낙사트리올은 파낙사다이올의 동족체라고 주장하면서, 파낙사트리올에 추가로 존재하는 –OH group의 위치를 결정하였다(제9장).

그 이유는 무엇일까? 1962년 그 당시 시바타 교수 그룹에서 분리한 인삼 조사포닌 분획은 diol-type의 사포닌만을 포함하고 있었을까? 저자 생각은 제8장에서 보듯이, 인삼 조사포닌 분획을 TLC 통하여 분석하여 보면 diol-type 진세노사이드가 triol-type 진세노사이드보다 우세하게 더 많은 부분을 차지하고 있다. 따라서, 시바타 교수 그룹은 먼저 많이 얻을 수 있는 diol-type 인삼 사포닌의 기본 화학 구조를 결정하고 나머지 다른 인삼 사포닌들의 화학 구조를 밝히는 것으로 순서를 정하지 않았나 추측할 수 있다.

추가로, 시바타 교수 그룹은 백삼을 이용하여 파낙사다이올을 분리한 똑같은 방법을 이용하여 일본에서 자생하는 **죽절 인삼**에서도 oleanolic acid을 분리하였다. 그 외에도 죽절 인삼에서 미량의 파낙사다이올도 분리하였다. 따라서, 1962년 시바타 교수 그룹에서는 추가로 일본에서 자생하는 죽절 인삼에서도 인삼 사포닌이 존재한다는 것을 증명하였다.

그러면서, 시바타 교수 그룹이 분리한 파낙사다이올 분자식과 그

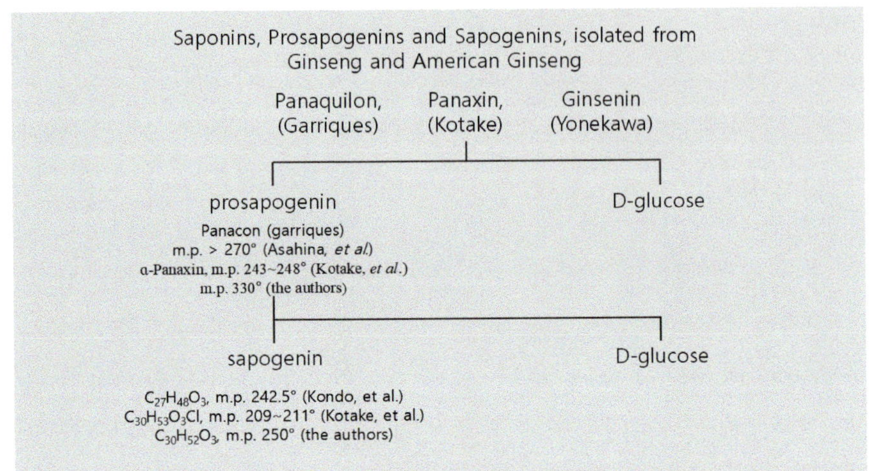

그림 4-3. 각기 다른 인삼 연구자들이 분리한 인삼 사포닌 성분들에 대한 명칭과 물리화학적 특징들. 시바타 교수 그룹은 자신들이 인삼에서 분리한 물질과 차이를 비교하였음. "The authors"는 시바타 교수 그룹 자신들이 분리한 물질을 의미함. 薬誌, 82, 1634 (1962).

이전의 인삼 연구자들이 분리하고, 이름을 붙인 인삼 성분들과 자기들이 그룹이 분리한 파낙사다이올의 물리화학적 성질 차이를 비교 분석하였다(그림 4-3). 즉, 일본이나 조선에서 재배한 인삼(코타케, 콘도 및 요네카와)이든, 서양삼(거리게스의 파나퀼론)이든 인삼 사포닌을 포함하고 있다. 인삼 사포닌의 산 가수분해를 실시하면, 사포게닌(거리게스에 의한 파나콘; 아사히나가 분리한 물질; 요네카와가 분리한 진세닌; 코타케의 α-파낙신; 시바타 교수 그룹이 분리한 파낙사다이올)과 당이 형성된다. 즉, 콘도가 분리한 사포게닌 분자식 $C_{27}H_{48}O_3$, 코타케가 분리한 사포게닌 염소화합물인 $C_{30}H_{53}O_3Cl$과 시바타 쇼지 교수 그룹이 분리한 파낙사다이올 $C_{30}H_{52}O_3$와 당이 분리되었다. 코타케가 확인한 사포게닌과 시바타 교수 그룹이 분리한 사포게닌의 분자식은 같다. 다만, 코타케가 분리한 사포게닌은 염화수소(HCl) 한 분자가 더 포함되어 있을 뿐이다. 제5장에서 시바타 교수 그룹은 코타케가 수행했던 실험을 재현하여 염소가 포함된 이유를 밝힌다.

인삼에서 분리된 사포게닌인 파낙사다이올의 화학 구조 분석

인삼 조사포닌 분획의 무기산(acid) 가수분해 산물인 파낙사다이올의 -OH group 숫자와 산소 역할

시바타 교수 그룹은 백삼과 죽절 인삼에서 분리한 파낙사다이올(분자식 $C_{30}H_{52}O_3$)을 아세틸레이션acetylation화 전과 후에, 적외선 분광법(Infrared Spectroscopy, IR) 분석하였다. 분석 결과, 파낙사다이올은 2개의 -OH group을 가지고 있는 것으로 나타났다. 그러나, 파낙사다이올을 아세틸레이션한 후 IR 분광법 분석 결과는 파낙사다이올은 하나의 -OH group이 아세틸레이션 되지 않고 여전히 남아 있는 것으로 나타났다. 이 분석 결과는 파낙사다이올 자체는 2개의 -OH group을 가지고 있지만, 파낙사다이올이 가지고 있는 2개의 -OH groups 중 하나만 아세틸레이션된다는 것을 보여준 결과다. 즉, 두 가지 종류의 인삼에서 분리된 파낙사다이올을 아세틸레이션하면 하나의 -OH group만 남는 특징을 보여주고 있다(**그림 4-4**).

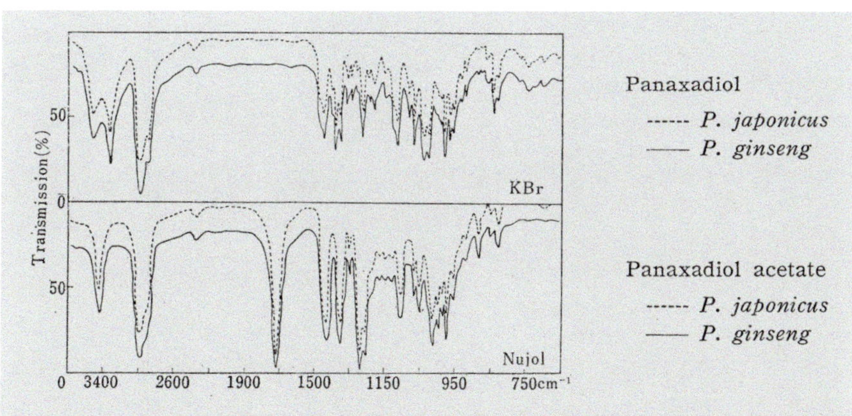

그림 4-4. 인삼 및 죽절 인삼의 산 가수분해 산물로 생성된 panaxadiol을 아세틸레이션시키기 전과 후의 IR spectrum 비교. 파낙사다이올과 파낙사다이올 아세테이트에 대한 적외선 흡수 스펙드럼(Infrared absorption spectrum) 차이. -OH group을 아세틸레이션화하기 전과 후의 차이에 따라 적외선 흡수 스펙트럼이 다르게 나타난다. 藥誌, 82, 1634 (1962).

또, 파낙사다이올의 분자식 $C_{30}H_{52}O_3$에서 보듯이 파낙사다이올은 3분자의 산소를 가지고 있다. $C_{30}H_{52}O_3$에서 3분자 산소 역할을 확인한 결과, 이 사포게닌에 포함된 3개의 산소는 활성인 –OH group에 1분자가 포함되어 있고, 불활성인 secondary –OH group에 1분자 존재하고, 나머지 1개의 산소는 전혀 불활성이며, 이중 결합double bond 없이 아마도 ether 형type에 결합되어 있다고 예측하였다(two hydroxyls, one inactive oxygen, and no double bond).

Panaxadiol의 화학 골격 구조는 고리가 4개(4 ring)인 트리터펜노이드 계통 화합물의 일종이라는 정성적 증거들 제시

시바타 교수 그룹은 인삼에서 얻은 사포닌 산 가수분해 생성물을 구성하는 사포게닌sapogenin인 파낙사다이올panaxadiol은 농도가 짙은 황산으로 처리하면, 즉시 적색을 띠고, **Liebermann-Burchard 반응**에서는 **자적색**red-violet color을 띠는 것을 확인하였다. 이러한 특징들을 근거로 **triterpenoid 계통의 사포닌**이라고 추측하였다(그림 4-5). 또, 이 물질이 죽절 인삼에 oleanolic acid(A)와 같이 존재하는 것으로부터 추정하여, 우선 그림 4-6의 β-amyrin 계통의 구조를 가질 수 있을 것으로 예상하였다. 그래서, 천연으로부터 얻을 수 있고, 게다가 genin 및 acetate의 융점이 비슷한 primulagenin, longispinogenin과 그 외의 5개의 고리를 가지고 있는 화합물과 비교했지만, 모두 일치하지 않았다.

또, 파낙사다이올의 적외선 스펙트럼(IR)은 **이중 결합이 없는 것을** 보여주었다. 그 이유는 panaxadiol은 테트라니트로메탄tetranitromethane(이 화학물질의 특징은 이중 결합이 있는 화학물질과 반응한다)에 반응하지 않았고, 210 nm 부근에 UV 흡수가 없었다. 또, IR 스펙트

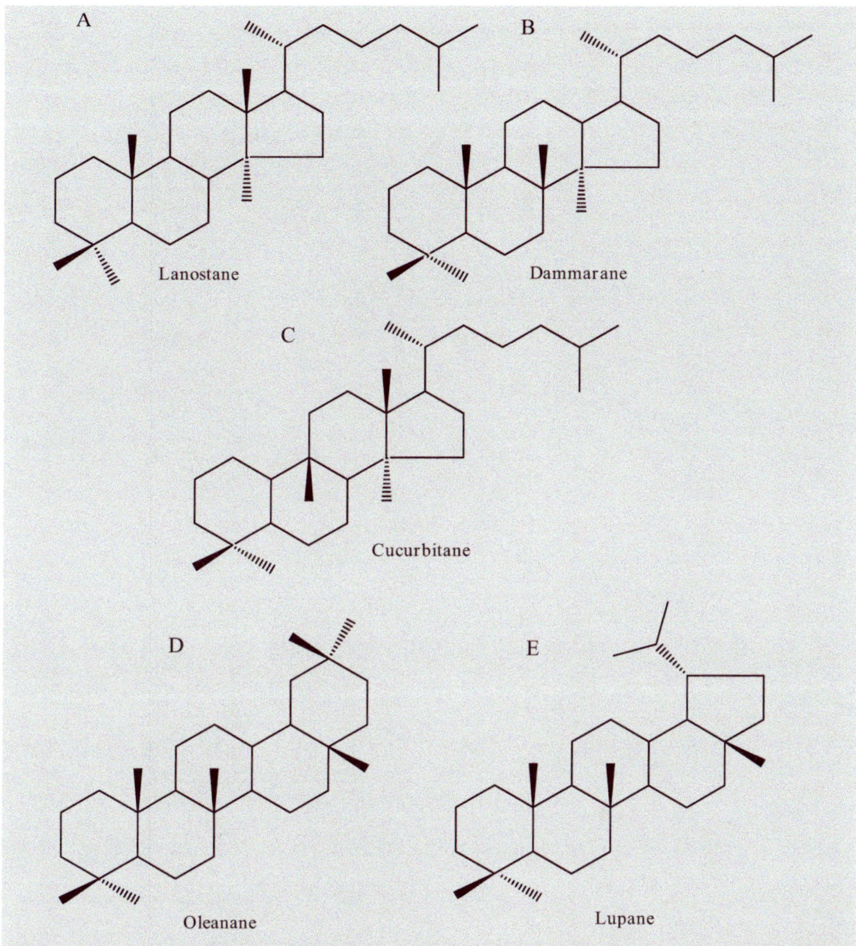

그림 4-5. Triterpenoids 화합물에 속하는 대표 물질들은 골격 구조 차이에 따라 4 환성 (ring) 혹은 5 환성 구조로 분류된다. 다양한 정성적 검증 방법을 통하여 시바타 교수 그룹은 인삼 사포닌의 골격 구조는 4환성 triterpenoids 중의 하나로 추정하였다.

럼에서도 이중 결합 흡수 특징을 보여주지 않았기 때문에, 시바타 교수 그룹은 최종적으로 파낙사다이올은 β-amyrin, primulagenin, longispinogenin와 유사한 구조가 아닌 것으로 결론 내렸다.

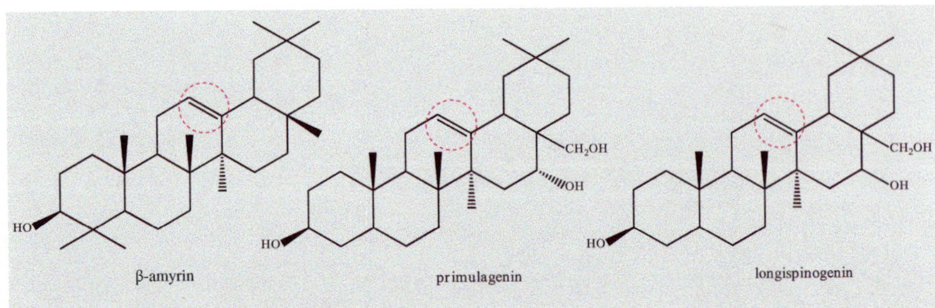

그림 4-6. 파낙사다이올이 황산과 Liebermann-Burchard 반응과 tetranitromethane 반응성에 따라 panaxadiol은 oleanolic acid 계통의 5환 고리(ring) 물질이 아니고, 이중 결합(red circles)이 없으므로 triterpenoids 계통의 4개 ring 고리가 있는 화합물일 것이라고 추측하였다.

파낙사다이올에 존재하는 2개의 –OH group 중 하나만 아세틸레이션이 되는 이유

또, 파낙사다이올에 존재하는 **3개 산소의 특성을 조사하는 방법들 중**에 하나는 아세틸레이션을 실시하여 확인하는 것이다. 즉, 파낙사다이올의 아세틸화acetylation을 실시하여, panaxadiol monoacetate를 얻었다(그림 4-7). Panaxadiol monoacetate의 IR 스펙트럼을 보면, **3433** cm^{-1}에 여전히 acetylation되지 않는 –OH group이 존재하는 것으로 나왔다. 이것을 무수초산에 들어있는 피리딘 pyridine과 수욕 상 가열해도 acetylation이 되지 않았다. 이런 결과로부터, 시바타 쇼지 교수 그룹은 아세틸레이션이 안되는 나머지 하나의 –OH group은 매우 강한 **입체장애**steric hindrance를 받는 위치에 존재하고 있다고 추측하였다.

이상의 실험 결과를 요약하면, panaxadiol은 분자식 $C_{30}H_{52}O_3$를 나타낸다. Panaxadiol은 2중 결합을 가지고 있지 않다. 하나의 신소 분자는 ether 결합을 가지고 있다. 그 구조는 그림 4-5의 트리터펜노이드 골격 구조를 갖는 화학물질들 중 5 환성을 갖고 있지 않고, 기본적

R=H: Panaxadiol
R=Ac: Acetate

CrO_3

R=Ac: panaxanolone acetate

Wolff-Kishner

R=H: Panaxanol

$AcOH/H_2SO_4$

AcOH-HCl

R=Ac: Anhydropanaxanol acetate
R=H: Anhydropanaxanol

H_2

R=Ac: dihydroanhydropanaxanol acetate (=isotirucallenyl acetate)
R=H: dihydroanhydropanaxanol (=isotirucallenol)

그림 4-7. 파낙사다이올의 acetylation, 무수크롬산(CrO_3)에 의한 산화, Wolff-Kishner 환원, 빙초산-희석한 염산에 의한 에테르 ring의 opening 반응 등에 의한 생성물의 여러 특징에서 3개의 산소는 활성 -OH group이 1개(C3), 불활성인 2nd -OH group 1개(C12), 및 에테르 결합1개(ring에 존재)를 가진 이중 결합을 뺀 4환성 (4 ring) 트리터펜노이드라고 추정하였다. 이 추정은 anhydropanaxanol acetate의 접촉 환원으로 얻어진, dihydroanhydropanaxanol acetate 및 dihydroanhydropanaxanol이 각각 isotirucallenyl acetate와 isotirucallenol과 같다는 점에서 확인되었다.

으로 lanostane, dammarane 혹은 cucurbitane처럼 고리ring가 4개인 4환성의 골격 구조라고 예측하였다.

Panaxadiol의 화학 골격 구조는 4개의 고리를 가지고 있는 트리터펜노이드 계통의 화학 구조라는 사실을 4개 고리를 지닌 트리터펜노이드 화학물질들 중의 하나인 아이소티루칼레놀isotirucallenol 합성을 통한 검증연구

파낙사다이올을 아세틸레이션 시켜 만든 panaxadiol monoacetate ($C_{32}H_{54}O_3$, m.p. 215°)를 무수크롬산으로 산화하면 monoacetate monoketone체인 panaxanolone acetate($C_{32}H_{52}O_4$, m.p.183~184°)가 만들어진다(**그림 4-7**). Panaxanolone acetate의 ketone체를 Barton의 개량법에 의한 Wolff-Kishner 환원하면, ketone체에서 산소가 1분자 감소한 panaxanol($C_{30}H_{52}O_2$)(**그림 4-7**)를 만들었지만, 여전히 ether 결합이 존재하였다.

시바타 교수 그룹은 또한 panaxanolone acetate의 ether 결합을 절단하기 위해 다양한 반응을 시도하였다. 그중 빙초산에 들어있는 묽은 염산으로 끓였을 때, ether 부위에 IR 흡수를 나타내지 않는 (즉, 에테르 결합이 없어진) 결정형태의 **anhydropanaxanol acetate,** $C_{30}H_{50}O(C_2H_2O)$를 얻었다. 그 결과 **Panaxanol 때보다** 산소 더 1개가 줄었다. 이것은 ketone체에서 1분자가 ether 결합이 없어져 전체적으로 2분자 산소가 감소한 것이다. Anhydropanaxanol acetate를 **메탄올성 칼륨으로 가수분해**하여 **아세틸기가 제거된 안히드로파낙사놀**anhydropanaxanol을 생성하였다. Anhydropanaxanol acetate와 **안히드로파낙사놀**($C_{30}H_5O_2$, m.p. 141~144°)의 촉매 수소화 반응으로 만들어진 **이소티루칼레닐 아세테이트** 및 **이소티루칼레놀**의 존재를 확인하였다. 이는 혼합 융합 및 적외선 스펙트럼 비교, 그리고 가스 크로마토그램을 통해 두 물질을 입증하였다. 따라서, 파낙사다이올의 구조는 공식화formulation되었으며, 위 반응 과정은 **그림 4-7**에 나타나 있다. 또, 시바타 교수 그룹은 **그림 4-7**에서 시도한 일련의 실험을 통하여 인삼에서 분리된 인삼 사포닌의 어글리콘인 파낙사다이올은 트리터펜노이드 골격을 가지고 있을 가능성을 높은 것으로 파악했다.

Panaxadiol의 화학 골격 구조에서 아세틸레이션(acetylation)이 잘되는 –OH group의 위치는 C3라는 것과 아세틸레이션이 잘 안되는 –OH group은 C12라는 증거를 제안하다

Panaxadiol의 화학 골격 구조에서 아세틸레이션(acetylation)이 쉽게 되는 –OH group의 위치는 C3이다

시바타 교수 그룹은 그림 4-7에서 보는 바와 같이, 파낙사다이올과 파낙사다이올의 다양한 화학 변형 유도체들(ketone체 등)의 화학구조 비교 연구를 통하여 파낙사다이올의 기본 골격이 이소티루칼레놀의 골격 구조와 유사하다는 것을 여러 화학 반응 과정을 통하여 증명하였다(그림 4-7). 결과적으로, 안히드로파낙사놀과 그것의 아세테이트의 촉매 수소화 생성물은 **적외선 스펙트럼과 가스크로마토그래피를 통해 각각 이소티루칼레놀과 이소티루칼레놀 아세테이트와 동일하다는 것이 증명하였다**. 또, 그림 4-7에서 보는 바와같이, **아이소티루칼레놀은 C3에 –OH group을 가지고 있고, 쉽게 아세틸레이션이 되어 이소티루칼레놀 아세테이트가 된다.** 이 결과는 적외선 분광법 분석 결과, 파낙사다이올이 가지고 있는 두 개의 –OH group 중 하나는 **이소티루칼레놀와 같은 위치의 C3의 –OH group**(β-form)에 존재하며, 아세틸레이션이 되는 위치라고 공식화하였다.

또, 파낙사다이올과 이소티루칼레놀 아세테이트와 **이소티루칼레놀**의 구조는 적외선 스펙트럼을 통해 매우 유사함을 알 수 있었으며, 885 cm^{-1} 밴드(KBr)에서 약간의 차이가 나타났는데, 이는 파낙사다이올의 **측쇄**side chain **말단에 비닐기가 존재할 가능성을 시사하는 결과**였다(그림 4-7). 그 이유는 수소화에 의하여 비닐기가 사라지는 것을 확인하였기 때문이다.

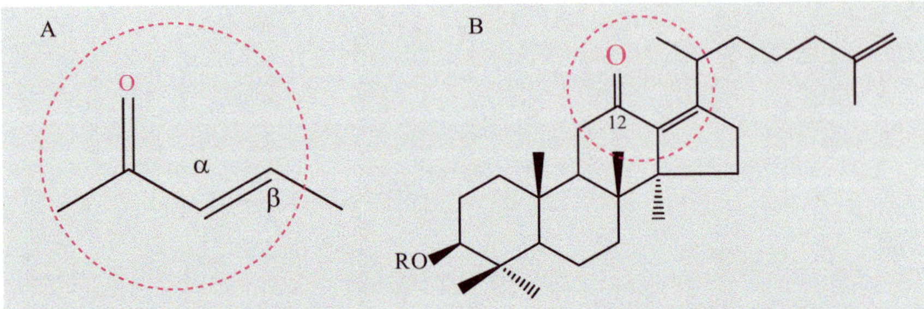

그림 4-8. C12의 -OH group은 acetate에 함유되어 있는 황산에 의하여 α, β-unsaturated ketone body를 형성하는 것에서 추정 및 검증. A, 이미 알려져 있는 α, β-unsaturated ketone body. B, 실제 파낙사다이올에서 여러 화학 반응 결과 형성된 화합물(panaxanolone acetate)에 acetate에 함유되어 있는 황산에 의하여 α, β-unsaturated ketone body를 형성되는 것을 확인하여 C12에 -OH group이 존재하는 것을 검증하였다.

Panaxadiol의 화학 골격 구조에서 아세틸레이션이 방해받는 –OH group의 위치가 C12라는 증거 확인

시바타 교수 그룹은 파낙사다이올의 아세틸레이션이 되는 파낙사다이올의 C3 외에 파낙사다이올의 또 다른 –OH group은 아세틸레이션이 안되는 숨어있는, 즉 **방해 –OH group**hindered hydroxyl group이라고 부르거나 혹은 **입체장애**steric hindrance**가 있는 부위라고 불렀다.** 그림 4-8에서 보듯이, 아세트산에 들어있는 황산 작용에 의해 파낙사놀론 아세테이트로부터 **α,β-불포화 케톤 화합물**이 만들어진다.

이 결과는 C12에 있는 –OH group이 크롬 옥사이드에 의하여 ketone body가 되고, 황산에 의하여 **α,β-불포화 케톤 화합물이** 형성되는 것을 근거로 파낙사다이올의 아세틸레이션이 안되는 –OH group은 **C12**에 존재하는 것으로 공식화하였다.

Panaxadiol의 화학 골격 구조에서 C12의 –OH group이 아세틸레이션이 방해받는 또 다른 이유 증명

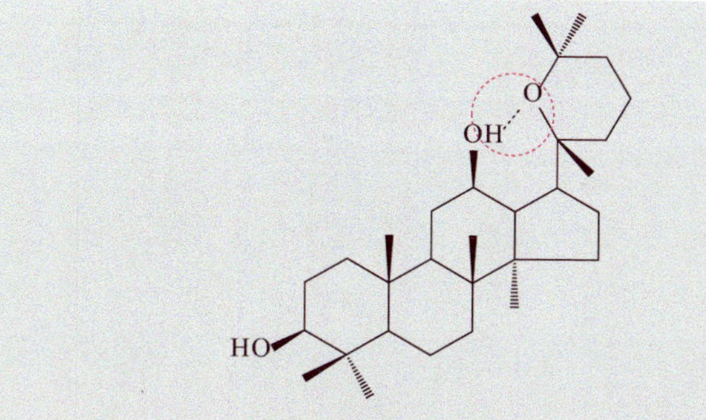

그림 4-9. 파낙사다이올의 C12에 존재하는 -OH group과 트리메틸-테트라하이드피란 링(trimethyl-tetrahydropyrane ring)의 산소 분자와 수소 결합(red circle)을 하고 있는 것으로 밝혀졌다. 이런 이유로 C12의 -OH group이 아세틸레이션되는 것을 방해한다.

계속해서 시바타 교수 그룹은 왜 파낙사다이올의 C12에 존재하는 –OH group이 아세틸레이션에 대한 강한 저항성(–OH group 화학 변화에 대한 저항성)을 보이는 이유는 무엇일까?에 대하여 연구하였다. 그에 대한 대답으로서 시바타 교수 그룹은 C12에 위치한 –OH group의 수소 분자가 C17 위치에 있는 트리메틸-테트라하이드로피란 고리trimethyl-tetrahydropyran ring의 산소 분자와 수소 결합hydrogen bond을 하고 있기 때문이라는 것이 확인하였다(**그림 4-9**).

따라서, 파낙사다이올을 아세틸레이션화 할 때 방해받지 않고 아세틸레이션되는 –OH group은 C3 위치에 있다. 방해받는 –OH group은 C12에 있는 것으로 나타났다. 파낙사다이올의 적외선 흡수 분광법 분석 결과 2개의 –OH group이 존재하는 것으로 나타났으며, 그 위치는 C3과 C12인 것으로 확정됐다.

인삼 사포닌의 산 가수분해 산물인 파낙사다이올 화학 구조 결정

이러한 증거들을 근거로, 시바타 교수 그룹은 panaxadiol의 가능한 화학 구조를 분석하기 위하여 그 당시 스웨덴의 카롤린스키 연구소에

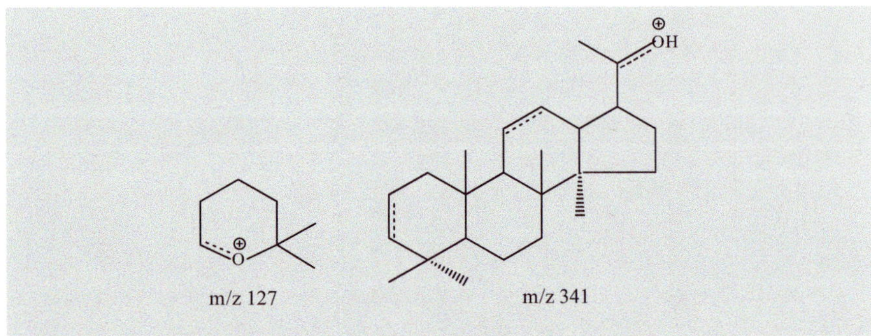

그림 4-10. 파낙사다이올의 메스 스펙트럼 분석. 파낙사다이올의 분자량($C_{30}H_{52}O_3$), MW = 460), m/z 127과 341 fragments 이온에서 panaxadiol의 화학 구조가 확정되었다. Tetrahedron Letters. 419, 1962.

근무했고, 매스 스페트럼 분석의 대가로 알려진 Dr. Ryhage에게 파낙사다이올 샘플을 보내어 메스 스펙트럼Mass-spectrum 분석 결과을 얻었다(그림 4-10).

그 결과, 파낙사다이올의 질량 스펙트럼mass spectrum은 염기 피크peak로서 m/e 127을 나타냈다. 이는 단편에 해당하며, 또 m/e 341의 피크도 단편 이어야 한다고 주장하였다. 분자량 460에 나타난 모 피크parent peak는 파낙사다이올의 **분자식 $C_{30}H_{52}O_3$(MW 460)**이 정확함을 보여주었다(그림 4-10). 그림 4-11은 인삼 사포닌의 산 가수분해 산물

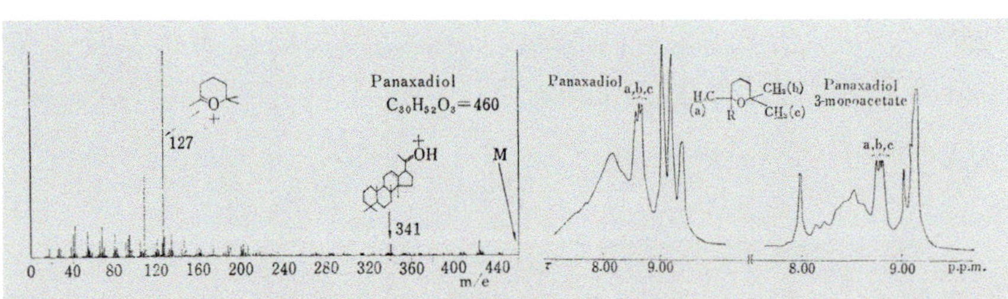

그림 4-11. 인삼 사포닌의 산 가수분해 산물인 사포게닌의 완전한 화학 구조와 분자량을 질량 스펙트럼을 통하여 검증함. 파낙사다이올 fragments에 대한 질량 확인. Chem. Pharm. Bull., 11, 759 (1963).

인 사포게닌의 완전한 화학 구조와 분자량을 질량 스펙트럼을 통하여 검증하고, 파낙사다이올과 파낙사다이올과 파낙사다이올 아세테이트 적외선 스펙트럼(IR) 차이를 확인한 것이다.

따라서, 최종적으로 인삼 사포닌 강산 가수분해로 만들어진 파낙사다이올은 C3와 C12에 –OH group을 가지고 있고, C17에 트리메틸-테트라하이드로피란 고리(ring)를 갖는 담마란 계열의 새로운 4환성4 ring 트리테르펜노이드로 화학구조를 제안하였다(**그림 4-9**).

제 5 장

진짜 인삼 사포게닌 분리 및 인공 산물인 파낙사다이올이 만들어지는 이유 규명

....

파낙사다이올은 인삼의 진짜(genuine) 사포게닌이 아니라 인삼 사포닌의 강산 가수분해 과정에서 인위적으로 형성된 인공 물질(artifacts)인 것으로 확인되었다

시바타 교수 그룹은 처음 panaxadiol의 화학구조를 밝히고, 이어서 panaxadiol의 입체 구조를 밝히는 과정에서 제4장에서 기술한 바와 같이, 인삼 사포닌에 처리 시간은 다르지만, 강 염산을 두 번 처리해서 사포게닌인 panaxadiol를 얻은 방법 대신에, 실온에서 인삼 중성 사포닌(진세노사이드 Rb1, Rb2 및 Rc 혼합물)에 염산을 처리하여 보았다. 그 결과, 불안정한 염소화합물($C_{30}H_{53}O_3Cl$, m.p. 219~220°)이 만들어지는 것을 확인했다(**그림 5-1**).

이는 시바타 교수 그룹이 1930년 코타케가 처음 분리한 인삼 사포닌(파낙신이라고 부름)에 산 처리에 의하여 생성된 α-파낙신(GNS의 조 프로사포게닌)에서 유래된 염소화합물을 32년만에 재현한 것이다(제3장). 이 염소 화합물은 트리메틸-테트라히드로피란 고리ring를 가

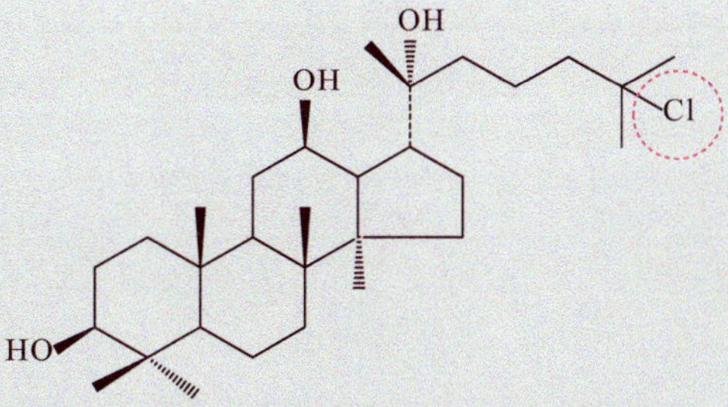

그림 5-1. 인삼 중성 사포닌 혼합물에 강염산을 실온에서 처리할 경우, 파낙사다이올 대신에 20R-protopanaxadiol-Cl이라는 염소 화합물(red circle)이 만들어진다.

지고 있는 파낙사다이올과 분자식이 같았다(그림 5-2). 그러나, 단지 다른 점은, 트리메틸-테트라히드로피란 고리가 열려있고, HCl 분자가 하나 더 추가되었을 뿐이다.

염소 화합물의 특징: 염소화합물의 C20 에피머(즉, 20S-염소화합물)는 **불안정**하기 때문에 실리카겔이나 알루미나에서, 그리고 컬럼 크로마토그래피에 분리되지 않았다.

또, 시바타 교수 그룹은 염소화합물을 디에틸아닐린diethylaniline 또는 칼륨 tert-부톡사이드가 존재하는 상태에서 가열하면, 염소가 제거

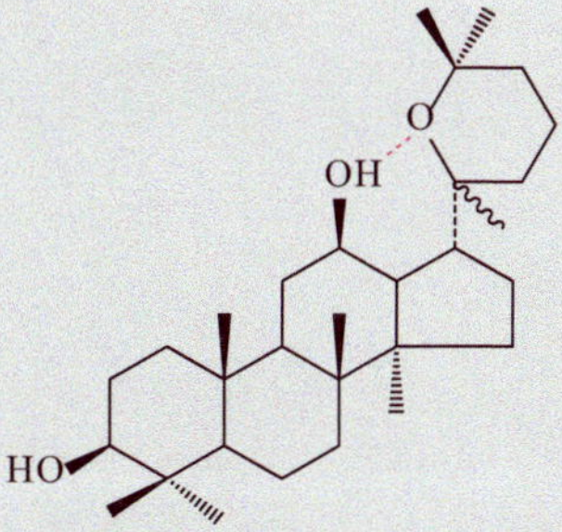

그림 5-2. 파낙사다이올 화학 구조. C12의 -OH group과 트리메틸-테트라하이드로피란 고리(ring)의 산소 분자와 수소 결합되어 있다.

된 화합물($C_{30}H_{52}O_3$, m.p. 236-238°)로 분자식은 그들이 분리한 파낙사다이올과 같았다(**그림 5-2**). 다만, 파낙사다이올은 m.p. 250°로 약간 달랐다(제4장). 이 화합물은 IR 스펙트럼(CHCl 8에서)에서 3600 cm^{-1}에서 자유 –OH 밴드(C3 위치)와 3340 cm^{-1}에서 분자 내 수소 결합 –OH 밴드(C12 위치)를 보여주었다(**그림 5-3**). 이로서, 초기에 그들이 분리한 인삼 사포닌의 산 가수분해 산물인 **panaxadiol**이 아니고, 트리메틸-테트라하이드로피란 고리가 열린 사포게닌을 직접 만드는 방법이 있음을 확인하였다.

여기에서, 시바타 교수 그룹은 트리메틸-테트라하이드로피란 고리가 열린 새로운 물질(**그림 5-1**)에 대하여 panaxadiol에 "proto"라는 접두어를 붙였다. 접두어 proto-는 그리스어에서 유래했으며 "원래의 혹은 처음의"를 의미한다. 그래서, 처음 발견한 panaxadiol은 원래 인삼 사포게닌이 아니고, 원래 인삼 사포닌에서 처음 유래한 사포게닌은 proto-를 붙여서 protopanaxadiol이란 용어를 처음으로 만들어서 사용하였다.

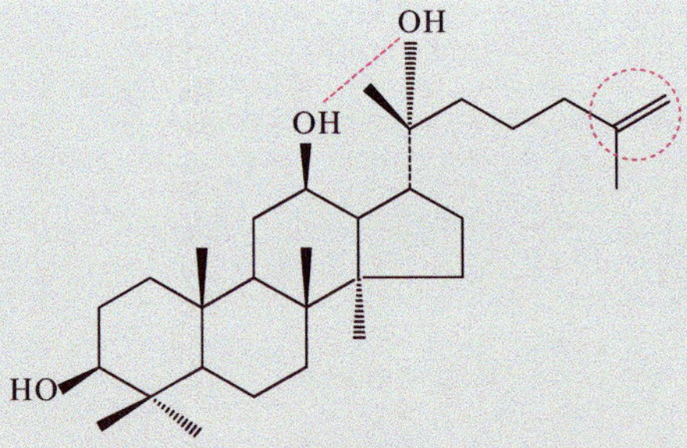

OH
OH
HO

그림 5-3. 인삼 중성사포닌 염소화합물에서 염소를 제거한 후 만들어진 물질. C12의 -OH group과 C20의 -OH group사이에 수소 결합(red dots)이 존재하는 것으로 나타났다. 또, 이중 결합의 위치는 아직 확정되지 않았지만, side chain에 비닐기(vinyl group)가 존재하는 것으로 확인되었다(red circle). 시바타 교수 그룹은 파낙사다이올의 트리메틸-테트라하이드로피란 ring이 열린 구조를 protopanaxadiol이라고 불렀다.

프로토파낙사다이올의 IR 스펙트럼 특징은 3600 cm^{-1}에서 자유free –OH group 밴드($CHCl_3$), 3340 cm^{-1}에서 분자 내 수소 결합 OH 밴드($CHCl_3$), 1645 및 882 cm^{-1}에서 말단 **비닐 그룹**vinyl group 밴드(KBr)의 이중 결합을 보여주었다(그림 5-3).

희석한 염산HCl으로 1.5시간 동안 환류refluxing 처리하면, 프로토파낙사다이올은 다시 파낙사다이올로 전환되었다(그림 5-2). 따라서, 프로토파낙사다이올을 나타내는 화학 구조가 제시되고(그림 5-3), 염소를 함유하는 물질은 아마도 화학구조로 나타낼 수 있다(그림 5-1).

프로토파낙사다이올의 –OH group의 위치와 숫자 결정

인삼 사포닌의 산 가수분해 통하여 생성된 dihydroprotopanaxadiol을 다시 재생성하는 과정 검증 및 확인

인삼 사포닌을 이용하여 디히드로프로토파낙사다이올을 제조하는 방법

시바타 교수 그룹은 인삼 사포닌을 Pt-블랙(백금 black)을 촉매로 사용하여 메탄올, 에탄올 및 아세트산 혼합물에서 촉매적으로 수소화시켰다. 다시 말하면, 인삼 사포닌을 메탄올, 에탄올 및 아세트산 혼합물이 존재하는 상태에서 백금 촉매를 이용하여 측쇄에 존재하는 이중 결합을 제거한 dihydroginsenosides을 얻는 방법을 개발하였다(그림 5-4). 그 다음, 묽은 염산(dil. HCl)으로 환류 및 가수분해하여 디히드로프로토파낙사다이올을 얻었다. 또 다른 방법으로, Smith's degradation를 통하여 아세틸화된 프로사포게닌을 수소화한 다음, 위와 같이 방법으로 희석한 염산으로 가수분해하여 디히드로프로토파낙사다이올을 얻었다(그림 5-4와 그림 5-5). 파낙사다이올은 동일한 조건에서 촉매 환원할 때와 실온에서 연속 conc. HCl로 처리 시 변화 없이 생성된 것을 확인하여 회수하였다(그림 5-4).

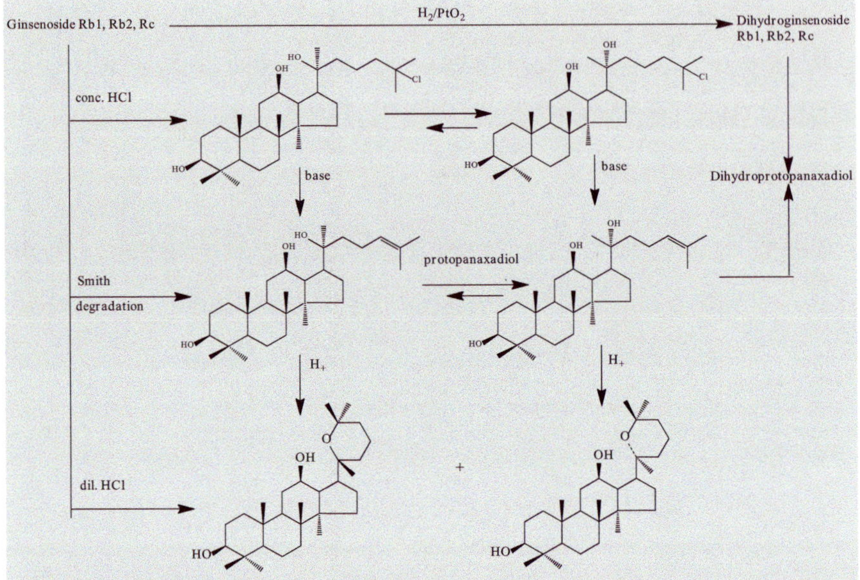

그림 5-4. 인삼 중성 사포닌을 이용하여 dihydroprotopanaxadiol을 얻는 방법. 인삼 중성 사포닌의 수소화된 사포닌(dihydroginsenosides)을 얻었고, 이를 산 가수분해하여 dihydroprotopanaxadiol을 얻었다. 이 결과는 C20의 위치하고 있는 tertiary -OH group 이 protopanaxadiol의 산 처리에 의하여 C24 혹은 C25에 위치하고 있는 이중 결합(double bond)이 측쇄의 closing (고리 형성)에 관여하고 있음을 보여주고 있다. Smith degradation을 실시하면, 프로토파낙사다이올을 얻을 수 있다. 프로토파낙사다이올을 산 촉매하거나 인삼 사포닌을 희석한 염산으로 긴 시간 가수분해하면 파낙사다이올을 얻은 방법을 보여주고 있다. 이에 대한 더 자세한 설명은 text에 있다.

위에서 기술한 바와같이, 프로토파낙사다이올을 산 촉매를 통하여 이중 결합이 제거된 디히드로프로토파낙사다이올dihydroprotopanaxadiol을 만들었다(그림 5-5). 이 화합물을 실온에서 아세트산 무수물과 피리딘으로 아세틸화하면 디아세테이트($C_{34}H_{56}O_5$, m.p. 125~127°)가 생성되었다(그림 5-6). 이 화합물은 IR 스펙트럼(CS_2에서)에서 3537 cm^{-1}(C20)에서 농도 독립적 –OH group 밴드를 보여주었다. 이 아세테이트의 아세톡실기의 카르보닐기의 IR 흡수 밴드는 1743 cm^{-1}과 (C3) 1758 cm^{-1}(C12)(CS_2에서)에서 나타났다. 후자의 흡수는 아세톡

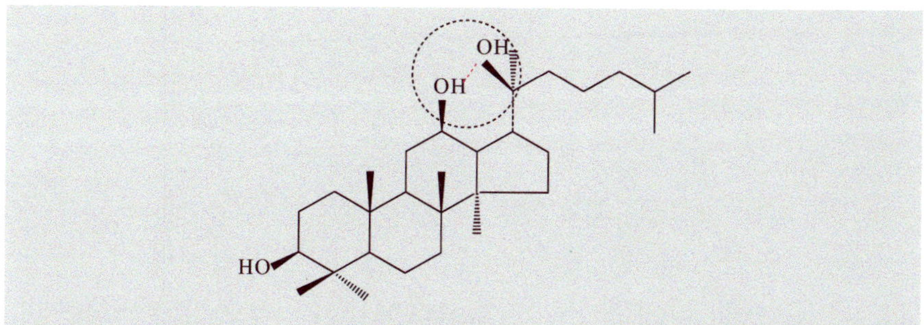

그림 5-5. 20(S)-dihydroprotopanaxadiol의 화학 구조. C12의 -OH group과 C20의 -OH group사이에 수소 결합되어 있다(black circle)

실기의 카르보닐에 기인할 수 있으며, 이 카르보닐기의 단일 결합 산소(알코올)는 C20의 –OH group과 수소 결합되어 있다(**그림 5-6**). 이 실험 결과와 추가 분석을 통하여 dihydroprotopanaxadiol (**그림 5-5**)은 세 개의 –OH group(두개의 디아세테이트화된 C3와 C12의 –OH groups과 아세테이이트와 수소 결합하고 있는 C20의 –OH group)을 가지고 있다. 그중 하나는 입체장애를 받고 다른 –OH group과 수소 결합되어 있다(**그림 5-6**). 이는 하나의 방해받는 하이드록실 그룹이 여전히 풀리지 않은 상태(unlocked)로 남아 있는 반면, 다른 두 –OH groups은 아세틸화되었음을 확인하였다.

결론: 연구 결과 protopanaxadiol은 3개의 –OH group을 가지고 있다.

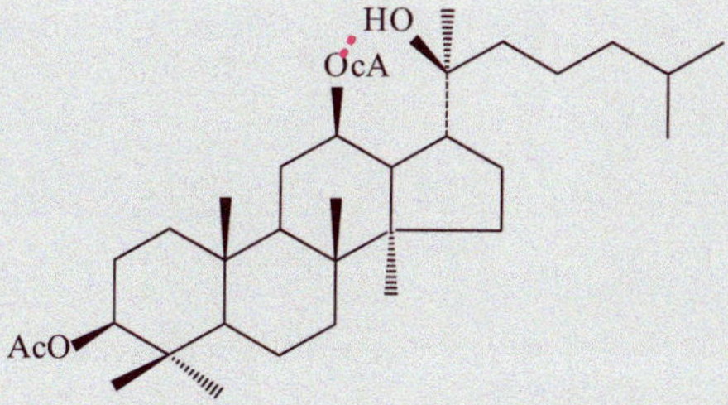

그림 5-6. Dihydroprotopanaxadiol diacetate의 화학 구조. C12의 -OH group이 acetylation되더라도 C20의 -OH group과 분자 내 수소결합을 한다.

프로토파낙사다이올의 C20의 free –OH group과 측쇄 이중 결합(double bond)이 있는 화합물은 강산 촉매에 의하여 트리메틸-테트라히드로피란 고리(ring)을 형성한다는 것에 대한 재증명

시바타 교수 그룹은 인삼 사포닌 또는 프로사포게닌을 희석된 높은 농도의 염산이 존재하는 상태에서 가열하면, 트리메틸-테트라히드로피란 고리를 가지고 있는 파낙사다이올이 만들어진다는 것은 제4장에서 보여주었다. 이와 같이, 파낙사다이올이 만들어지는 이유는, 산이 존재하는 상태에서 진짜 사포게닌genuine sapogenin의 C20에 –OH group과 측쇄 C25에 있는 이중 결합double bond의 상호작용으로 열린 측쇄open side chain가 고리ring으로 되어 폐쇄되어closed 2차적으로 형성된다는 결론을 내렸다(그림 5-4). 즉, 프로토파낙사다이올의 측쇄가 변형되어 고리가 형성된다. 더 자세한 설명은 그림 7-3에 있다.

시바타 교수 그룹은 그들이 주장한 가정을 아래와 같이 증명하였다. 즉, 인삼 사포닌 측쇄side chain에 –OH group과 이중 결합double bond을 가지고 있으면, 산 촉매에 의하여 피란링pyrane ring이 형성되는 과정을 R(–)-리날룰linalool이라는 다른 화학물질을 이용하여 증명하였다(그림 5-7A과 B).

즉, 시바타 교수 그룹은 먼저, 파낙사다이올의 골격 구조로부터 화학 반응을 통하여 methyl cinenate를 제조하였다(그림 5-7A8). 또, 인삼 사포닌과 관계없는 또 다른 천연물 중의 하나인 리날룰linalool부터 methyl cinenate를 제조하여(그림 5-7B8), C17에 부착된 고리ring이 파낙사다이올의 트리메틸-테트라하이드로피란이다라는 것을 증명하였다(그림 5-7). 먼저, R(–)-리날룰의 절대 배열은 Conforth 등(1962)에 의해 이미 R-form으로 지정된 것으로 보고되어 있었다(제3장). R(–)-리날룰의 화학 반응이 일어나더라도 methyl cinenate가 R-(–) linalool과 동일한 절대 배열을 유지한다는 것도 아래와 같이 확인하였다.

그림 5-7. 파낙사다이올의 trimethyl-teterahydorpyrane ring(트리메틸-테트라하이드로피란 링)을 R-(-)-linalool이라는 화학물질을 이용하여 재현하였다. 이를 통하여, 파낙사다이올의 C20에 존재하는 -OH group의 입체 구조(절대 배위)가 R-form이라는 것과 trimethyl-tetrahydorpyrane ring이 맞다는 것을 증명하였다.

파낙사다이올의 측쇄 화학 구조 변경을 통한 methyl cinenate 제조: 파낙사다이올의 화학 변형을 통하여 트리메틸-테트라하이드로피란 고리가 (–)-methyl cinenate로 된다는 것을 증명하는 과정 요약은 아래와 같다.

1) 인삼 사포닌인 진세노사이드-Rb1, -Rb2 및 -Rc의 진짜 사포게닌인 protopanaxadiol과 12β-hydroxydammarenediol-I(그림 3-13A)의 화학구조 변경으로 dihydroprotopanaxadiol이 만들어지는 것은 그림 5-5에 있다. 즉, 20R-protopanaxadiol은 12β-hydroxydammarenediol-I과 같다. 또, protopanaxadiol을 산(H^+) 처리하여 panaxadiol을 만들 수 있다(그림 5-4).

2) 파낙사다이올을 피리딘 중 **크롬산**으로 약하게 산화시켜 **C3-케토 유도체**를 얻었다(그림 5-7A1). (m.p. 236.3-238.5°) I.R.: 1715 (C3-케토)(12-β-하이드록실, 트리메틸-테트라하이드로피란 고리의 산소와 분자 내 수소 결합)을 나타내었다.

3) 이를 **볼프-키슈너 환원법**으로 C3-데옥시-파낙사다이올을 얻었다. C3-데옥시-파낙사다이올[(m.p. 192-193.5°, I.R.(CCl_4에서): 3392 cm^{-1}(12-β-하이드록실, 분자 내 수소 결합)]이며, 카르보닐 흡수는 없었다(그림 5-7A2).

4) C3-데옥시-파낙사다이올를 존스 시약으로 산화시켜 C12-케토 유도체를 얻었다(그림 5-7A3). C12-케토 유도체 [(m.p. 191-192°), I.R.(CCl_4에서): 1709 cm^{-1} (C12-케토)]는 하이드록실 흡수가 없는 이 화합물을 바이어-빌리거 산화Baeyer-Villiger oxidation시켜 락톤을 얻었다[(m.p. 195-197°). I.R.(KBr): 1735 cm^{-1}(락톤)](그림 5-7A4).

5) 락톤을 알칼리 가수분해한 후, 생성된 산을 디아조메탄diazomethane(CH_2N_2)으로 메틸화하여 무정형 메틸 에스테르를 얻었다(그림 5-7A5). [I.R.(CC14에서): 1745, 1163(에스터) 및 3350 cm^{-1}(분자 내

수소 결합된 13-하이드록실)].

6) 이 에스터를 피리딘에 들어있는 티오닐 클로라이드($SOCl_2$, thionyl chloride in pyridine)로 탈수하여 불포화 에스터를 얻었고(그림 5-7A6), 이후 산화하여 tert. 부틸 크로메이트는 비정질 불포화 케토 에스터를 생성했다(그림 5-7A7). [I.R.(CCl4에서): 1742, 1167(에스터), 1698 및 1625 cm^{-1}(nP-불포화 5원자 케톤 및 이중 결합)].

7) 이 불포화 케토 에스터는 피리딘에서 과망간산칼륨으로 산화되었고, 생성물의 산성 분획은 n-헥산으로 추출되었다. 헥산에 용해되는 부분을 디아조메탄으로 메틸화하고, 조 메틸 에스테르를 분취하여 가스 크로마토그래피로 정제하여 지용성 (–) 메틸 시니네이트[(–) methyl cinenate]를 얻었다(그림 5-7A8).

8) (–) 메틸 시니네이트의 구조는 I.R. 스펙트럼과 가스 크로마토그램의 머무름 시간을 1,8-시네올(l,8-cineole)로부터 제조된 라세미 메틸 시니네이트의 그것과 비교하여 같은 화합물임을 확인했다(그림 5-7B8).

결론

1) R-(–)-linalool의 절대 배열은 Conforth 등(1962)에 의해 이미 R-form으로 지정되었으며, 트리메틸-테트라하이드로피란이 R-(–) linalool과 동일한 절대 배열을 유지한다는 것도 확인되었다. 따라서 (–) 시네닌산과 음의 광학 회전을 갖는 메틸 에스테르는 R 배열 R-configuration을 가져야 한다. 프로토파낙사다이올은 이미 다마렌디올-I과 상관관계가 있는 것으로 알려져 있다. 따라서, 다마렌디올-I의 C20의 절대 배열은 C20(R)-form으로 표시되고, 담마렌디올-II의 절대 배열은 C20(S)-form 배열이라고 결론지을 수 있다(제3장). 따라서, 담마렌디올-II는 담마렌디올-I의 C20-epimer라고 할 수 있다.

제 6 장

Panaxadiol과 protopanaxadiol의 입체 화학 구조 해석 I

....

프로토파낙사다이올, 담마란디올-I과 베툴라폴리안트리올 사이의 입체 구조 유사성 활용

지금까지 진행된 인삼 사포닌의 화학 구조를 규명하는 과정에서, 인삼의 중성 사포닌 혼합물을 강산으로 가수분해하여 생성된 파낙사다이올의 분자식과 화학 구조를 제안했다(제4장). 사용한 인삼 사포닌들은 진세노사이드 Rb 그룹이었다. 그러나, 제5장에서 기술한 바와 같이, 파낙사다이올은 인삼 사포닌의 강산 가수분해 과정에서 산 촉매에 의하여 형성되는 인공 물질(2차 생성물)로 밝혀졌다. 제5장의 **그림 5-4**에서 언급한 바와 같이, 시바타 교수 그룹은 진짜 인삼 사포게닌을 파낙사다이올에서 **프로토파낙사다이올**로 수정하였다. 즉, 인삼 사포닌에서 당이 다 떨어지고 남은 진짜 사포게닌은 panaxadiol이 아니고 protopanaxadiol이다라고 수정한 것이다. 본 장에서는, 시바타 교수 그룹이 파낙사다이올과 프로토파낙사다이올의 골격 구조에 대한 입체 화학구조 결정에 대한 내용이다. 즉, 파낙사다이올과 프로토파낙사다이올의 골격 구조를 구성하는 C3와 C12의 –OH group의 입체 구조가 α-form인지 혹은 β-form인지를 확인하는 것과 더불어 측쇄side chain와 연결된 C/D 고리가 *cis* form인지 혹은 *tans* form인지 결정하는 것과 C17에 부착된 수소 분자(H)의 입체 구조가 α-form인지 혹은 β-form인지를 결정하였다.

이를 검증하기 위하여, 인삼 중성 사포닌을 이용하여 디히드로프로토파낙사다이올을 먼저 제조하였다(**그림 5-5**). 디히드로프로토파낙사다이올의 입체 구조를 확인하기 위하여, 담마란디올-I(dammarane-diol-I)(**그림 6-1**)과 베툴라폴리아니트리올(betulafolianetriol)(**그림 6-1**C)의 입체화학 구조와 상관관계를 밝혔다. 산 촉매에 의하여 디히

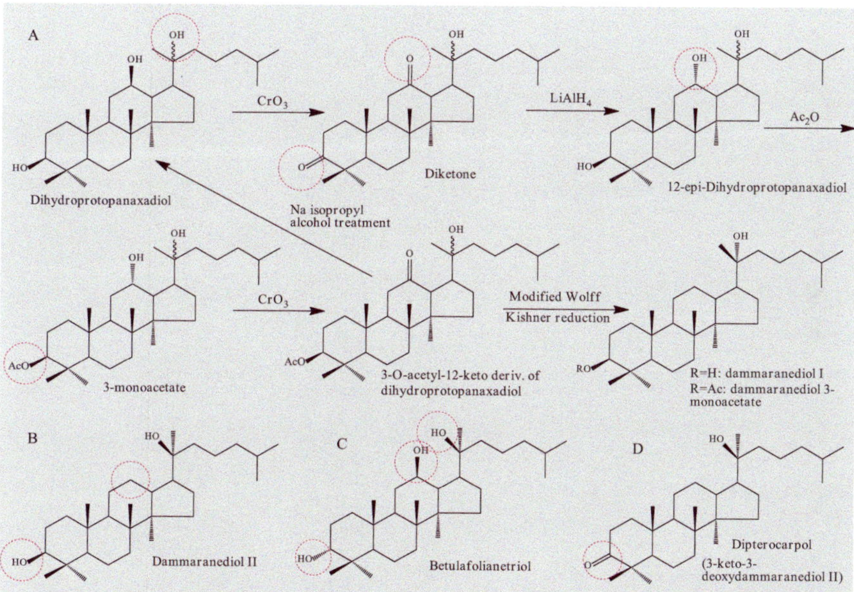

그림 6-1. 인삼 사포닌의 진짜 어글리콘인 protopanaxadiol의 입체 구조 결정 과정 도식. A,인삼 사포닌의 진짜 어글리콘인 protopanaxadiol의 입체 구조 결정은 20R-dihydroprotopanaxadiol 생성을 시작으로 하여 마지막 dammaranediol I 혹은 dammaranediol 3-monoacetate을 합성하여 결정하였다. Dammaranediol I의 입체 구조는 선행 연구에서 이미 다른 과학자들에 의하여 밝혀졌었다. B, C와 D는 dammaranediol I과 유사한 성분들의 화학 구조다(제3장).

드로프로토파낙사다이올을 만들고(그림 5-4), 이어서 C3-O-아세틸 C12-케토 유도체(3-O-acetyl-12-keto deriv. of dihydroprotopanaxadiol)는 다음 아래 단계에 따라 제조하였다(그림 6-1).

1) 먼저, 디히드로프로토파낙사다이올의 크롬산 산화는 3,12-다이케톤($C_{30}H_{50}O_3$, m.p. 126°)을 만들었다. 이 화합물을 $LiAlH_4$로 환원시켜서, 12-에피-디히드로프로토파낙사다이올을 만들었다.

2) 12-에피-디히드로프로토파낙사다이올($C_{30}H_{54}O_3$, m.p. 214°)는 C12의 –OH group은 α-form(축, axis)인 것으로 나타났다. 따라서, 디히드로프로토파낙사다이올의 C12의 입체 구조는, C12의 –OH group은 β-form인 것으로 나타났다.

3) 12-에피-디히드로프로토파낙사다이올의 C3의 –OH group의 β-form을 아세트산 무수물과 피리딘으로 4°C에서 선택적 아세틸화를 실시하여 3-모노아세트산($C_{32}H_{56}O_4$, m.p. 218°)을 만들었다. 이어서 크롬산으로 산화하여 3-O-아세틸 12-keto 유도체derivatives($C_{32}H_{56}O_4$, m.p. 161°)를 생성했다.

4) 위에서 기술한 바와같이 디히드로프로토파낙사다이올에서 유도된 3-O-아세틸 12-케토 유도체를 소디움 이소프로필 알코올Na isopropyl alchol를 처리하여 환원하면, 3-O-아세틸 12-케토 유도체가 다시 디히드로프로토파낙사다이올로 전환되는 것을 확인하였다(즉, 원래 처음 시작했던 물질로 재전환되었다). 결과적으로, 이런 일련의 반응 과정은 여려 단계의 유도체 생성을 위한 화학 반응이 행해졌음에도 불구하고, C/D 골격 구성의 반전(the inversion of the skeletal configuration)이 발생되지 않는다는 것이 분명하게 확인한 것이다. 즉, 디히드로프로토파낙사다이올에서 다른 화합물로 변화/형성되는

과정에 골격 링 핵의 입체 화학적 변화가 관여하지 않는다는 것을 분명하게 확인한 것이다.

5) 또, 변형된 Wolff-Kishner reduction(환원)과 아세틸레이션에 이어 3-O-아세틸 12-케토 유도체는 변형된 새로운 화합물($C_{32}H_{56}O_3$, m.p. 146°)을 생성하였다. 이 화합물을 혼합 융합과 적외선 스펙트럼과 박층thin layer 및 가스 크로마토그램을 비교 분석한 결과, 이 화합물은 **담마란디올-I-3-모노 아세테이트**dammaranediol-I-3-monoacetate와 같은 물질임 증명하였다. 또, 3-O-아세틸 12-케토 유도체의 광학 회전 분산 곡선은 음negative의 Cotton 효과를 주었다.

6) C3-O-아세틸 12-케토 유도체(3-O-acetyl-12-keto deriv. of dihydroprotopanaxadiol)는 betulafolianetriol(그림 6-1C)로부터 제조된 3Cβ-acetoxy-12-keto 유도체($C_{32}H_{54}O_4$, m.p. 169°)의 ORD 곡선과 거의 중첩되는 것으로 나타났다. C3–OH group의 β-form에 아세트산이 결합하는 것을 의미한다.

즉, 흰 자작나무 잎(Japanese white birch leaves (Betula platyphylla Sukatchev. var.)에서 추출한 베툴라폴리안트리올betulafolianetriol(그림 6-1C)과 Shorea wiesneri라는 식물 등에서 추출한 dammar resin의 dammaranediol-II [(+)-24-Dammarene-3β-20S-diol)](그림 6-1B)의 입체 화학적 상관관계는 Fischer와 Seiler(1961)에 의해 이미 확립되었다. 따라서, 디히드로프로토파낙사다이올은 12β-하이드록시담마란디올-I과 같다는 결론을 내렸다. 다시 말하면, 담마란디올-I은 C3–OH group의 β-form을 가지고 있기 때문에, 추가로 이 12C의 –OH group이 β-form을 가지고 있으면 디히드로프로토파낙사다이올과 같은 물질이 된다는 것이다(그림 6-1C).

7) 또, 시바타 교수 그룹은 dihydroprotopanaxadiol과 betulafolianetriol이 다른 점은 dihydroprotopanaxadiol는 C3–OH group은 β-form이고(그림 6-1), betulafolianetriol은 C3의 –OH group은 α-form이다라는 것을 확인하였다(그림 6-1C, red circle). 또, dihydroprotopanaxadiol는 C20R-form이고(그림 6-1A), betulafolianetriol은 C20S-form(그림 6-1C, red circle)이다라는 결론을 내렸다(추가 설명은 제7장 참조). 즉, dihydroprotopanaxadiol은 C3에 β–OH group과 C20R-form의 입체 구조를 가지고 있다. 반면에, betulafolianetriol의 C3에 α–OH group과 C20S-form의 입체 구조를 가지고 있다(그림 6-1C). 따라서, 인삼 사포닌 골격과 흰 자작나무 잎에서 추출한 betulafolianetriol은 그 식물 유래가 다를 지라도 인삼 사포닌 유래한 dihydroprotopanaxadiol과 C3-epimer와 C20-epimer라고 생각할 수 있다.

8) 한편, 디프테로카르폴dipterocarpol은 3-keto-3-deoxydammarenediol-II로 표현하는 것으로 알려져 있다. Ourisson 등(1958년과 1960년)은 이미 디프테로카르폴이 가지고 있는 담마렌 핵에 대하여 C/D 트렌스 C17α-H 구조를 제안했다(그림 6-1D).

9) 시바타 교수 그룹은 비슷한 방법으로, 베툴라폴리아니트리올을 이용하여 1961년 Klyne이 시행했던 방법을 이용하여 실험한 결과 파낙사다이올과 프로토파낙사다이올도 C/D 트랜스 퓨전 C17α-H 구조를 가져야 한다고 결론을 내렸다.

요약하면, 파낙사다이올과 프로토파낙사다이올의 기본 골격 입체 구조는 C3β–OH, C12β–OH 및 C/D 트랜스 퓨전 C17α-H 구조로 구성되어 있다고 결론 내렸다(그림 6-2).

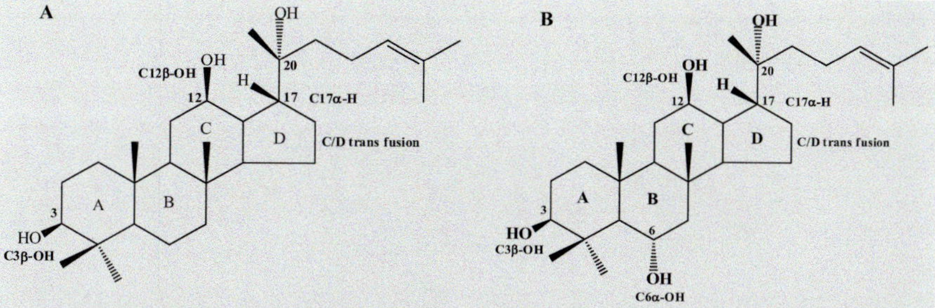

그림 6-2. 프로토파낙사다이올의 입체 구조 결정. 20(R)-프로토파낙사다이올(A)과 20(R)-프로토파낙사트리올(B)의 입체 구조 결정은 이것과 화학 구조가 유사한 dammaranediol I과 betulafolienetriol이라는 물질들의 입체 구조를 참조하여 결정되었다. 프로토파낙사다이올의 C20의 입체 화학 구조 결정은 제7장 참조. 20(R)-프로토파낙사트리올(B)은 20(R)-프로토파낙사다이올(A)에 비하여 C6에 -OH group를 가지고 있다. 그것의 입체 화학 구조에 대한 더 자세한 내용은 제9장 참조(그림 9-5D).

제 7 장

Panaxadiol과 protopanaxadiol 측쇄의 입체 화학 구조 해석 II

....

입체 화학에서 카이랄성chirality이란 왼손과 오른손처럼 서로 거울 쌍을 이루지만, 둘이 서로 겹치지 않는 물체의 성질을 의미한다. 천연에서 유래된 화학물질들은 카이랄성을 띠는 경우가 매우 많다. 예를 들면, 생명체의 유전정보를 담고 있는 DNA가 대표적인 예이다. 또, 다른 생체 분자들의 대부분이 카이랄 입체 화학 구조를 가지고 있다.

시바타 교수 그룹은 인삼 사포닌도 카이랄성을 띠는 것을 확인하였다. 즉, 인삼 사포닌 골격에 붙은 당을 떼기 위하여 산을 가하면, 산의 종류, 산의 농도, 반응 온도 및 시간에 따라, 1) protopanaxadiol이 형성되지만, 2) 당 일부만 떨어져 프로사포게닌이 되고(제5장), 3) 일부는 당이 모두 다 떨어지고, 추가로 산 촉매 작용을 받아 측쇄open side chain이 고리ring 형태로 변화한다(제4장). 그래서, 2차 인공 산물인 panaxadiol의 트리메틸-테트라하이드로피란 고리ring를 형성하여 피란 링의 산소 분자와 C12의 –OH group이 수소 결합하여 C12의 아세틸레이션을 방해한다(제4장과 제5장). 4) 산은 또, 측쇄 C20의 –OH group의 위치에 대한 입체성에 영향을 미쳐 C20 epimer 형성을 유도하고, 5) 끝으로, C24의 이중 결합vinyl group에 영향을 미쳐 C24에 대한 이성체isomer를 만들기도 한다(**그림 7-12**).

인삼 사포닌 산 가수분해에 의한 C20 에피머 형성에 대한 연구

본 장에서는, 담마란형 트리테르펜을 사포게닌을 골격 구조로 이루는 인삼 사포닌에 대한 입체 화학 연구와 관련하여, 이 유형의 트리테르펜 측쇄의 입체화학 반응성과 구조에 대한 것이다. 제6장에서 기술한 바와 같이, 여기서는 인삼 사포게닌 측쇄의 화학적 특성을 살펴본다. 인삼 사포닌들, 즉 진세노사이드-Rb1, -Rb2 및 -Rc의 진정한 사포게닌인 20(S)-프로토파낙사다이올은 이들 사포닌의 스미스 분해를 통하여 얻었다(**그림 5-4**).

시바타 교수 그룹은 먼저, protopanaxadiol이나 dihydropropanaxadiol과 화학구조가 유사한 담마란디올-I, 담마란디올-II, 담마렌디올-I, 담마렌디올-II, 베툴라폴리아니트리올 및 베툴라폴리에니트리올(제3장, 인삼 사포닌 화학구조 규명을 위하여 활용한 다른 성분들의 화학구조 참조)을 이용하여 이런 화학물질들도 protopanaxadiol이나 dihydropropanaxadiol과 매우 유사한 C20 epimer와 trimethyltetrahydropyrane ring이 형성될 수 있음을 증명하였다. 아래 내용에서 시바타 교수 그룹이 어떻게 위에서 기술한 내용들을 증명하였는가를 살펴본다.

베툴라폴리아니트리올을 이용한 C20 에피머 형성 검증의 첫 번째 방법

시바타 교수 그룹은 흰 자작나무white birch의 어린 잎(=갓 발아한 어린 순)의 구성 성분 중의 하나인 베툴라폴리아니트리올Betulafolianetriol

이라는 화학물질을 이용하여 *in vitro* 실험에서 인위적으로 epimer가 생성되는 것을 증명하였다. 베툴라폴리아니트리올은 C3-epi-dihydroprotopanaxadiol과 같다(**그림 7-1**). 즉, 프로토파낙사다이올과 비슷한 화학 구조를 지닌 **베툴라폴리아니트리올**Betulafolianetriol이 **C3-epi-dihydroprotopanaxadiol**과 C3-에피-12β-하이드록시다마란디올-II3-epi-12β-hydroxydammaranediol-II와 같다는 점을 활용한 것이다. 그래서 60% 에탄올로 희석된 무수산인 H_2SO_4로 섞어서 환류refluxing하면, C20 위치에서 그것의 에피머인 C3-에피-12β-하이드록시다마란디올-I이 조금 더 많이 만들어지면서(m.p. 252-255°)와 빠르게 평형을 이루는 것을 확인하였다[(**그림 7-1**, 20(R)-베툴라폴리에니트리올 생성)].

비슷하게, 20(S)-betulafolianetriol에서와 마찬가지로 프로토파낙사다이올을 수소화하면 만들어지는, 디히드로프로토파낙사다이올(12β-하이드록시담마란디올12β-hydroxydammaranediol-I)의 산화시키면

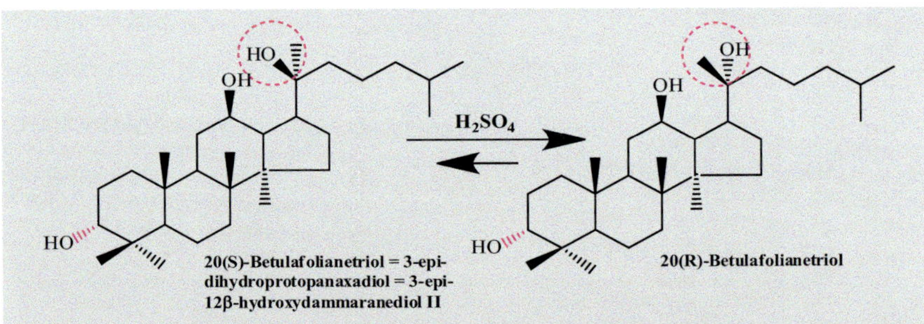

그림 7-1. 베투라폴리아니트리올, dihydroprotopanaxadiol과 dammaranediol II의 화학 구조 유사성. 20(S)-dihydroprotopanaxadiol과 20(S)-betulafolianetriol과 다른 점은 C3-epimer라는 점이다. Dammaranediol II가 20(S)-dihydroprotopanaxadiol와 다른 점은 Dammaranediol II가 C12에 -OH group을 가지고 있지 않다는 것이다. 황산에 반응시키면, 오른쪽으로 반응이 일어나, 20(S)-betulafolianetriol이 20(R)-betulafolianetriol로 전환되어 C20-epimer가 만들어진다(red circle). 이 실험은 프로토파낙사다이올 외의 화학물질에도 C20-epimer가 만들어짐을 보여주었다.

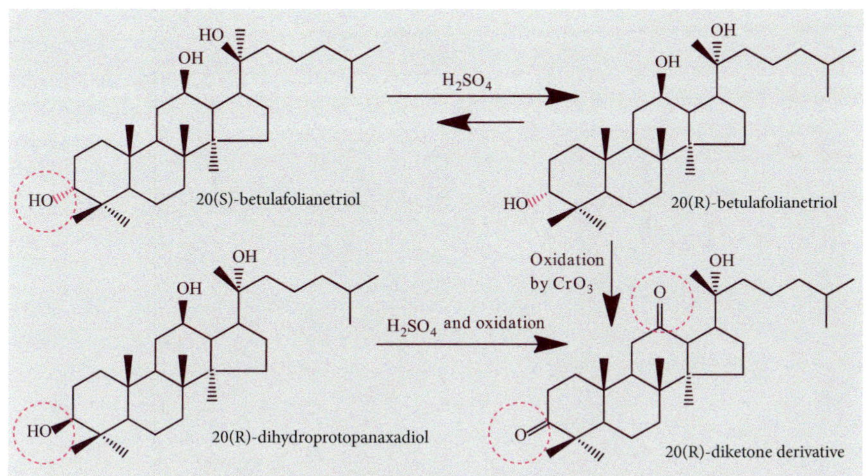

그림 7-2. 20(S)-betulafolianetriol과 20(R)-protopanaxadiol를 산화 과정을 통하면 C20-epimer를 만들 수 있다. 또, 공통으로 C3,12-diketone 유도체 생성을 통하여 두 화학물질의 차이는 오로지 C3-epimer임을 증명하였다.

공통으로 C3,12-디케톤(m.p. 124-126°)이 만들어진다(**그림 7-2**).

또, 베툴라폴리에니트리올betulafolienetriol(3-에피-12β-하이드록시담마렌디올-II3-epi-12β-hydroxydammarenediol-II)을 끓는 묽은 무기산(황산)으로 처리하여 수용액에서 에탄올은 케톤체 화합물($C_{30}H_{52}O_3$, m.p. 230-233°)[3637, 자유 OH) 및 3355 cm^{-1}(분자 내 수소 결합 OH, 농도 독립적)]과 화합물(**그림 7-3**D)($C_{30}H_{52}O_3$, m.P. 261-263°)이 만들어지고, 이는 케톤체 화합물과 거의 같은 위치에 자유 및 분자 내 수소 결합 OH 밴드)을 만든다(**그림 7-3**).

즉, 시바타 교수 그룹은, 베툴라폴리에니트리올betulafolienetriol을 이용하여 인삼 사포닌 산 가수분해 산물인 protopanaxadiol이 산 촉매에 의하여 panaxadiol로 형성된 것과 같은 현상 재현이 가능함을 증명하였다(**그림 7-3**). 또, 베툴라폴리에니트리올betulafolienetriol과 프로토파낙사다이올을 이용하여 C3,12-diketone 화합물을 만들 수 있음

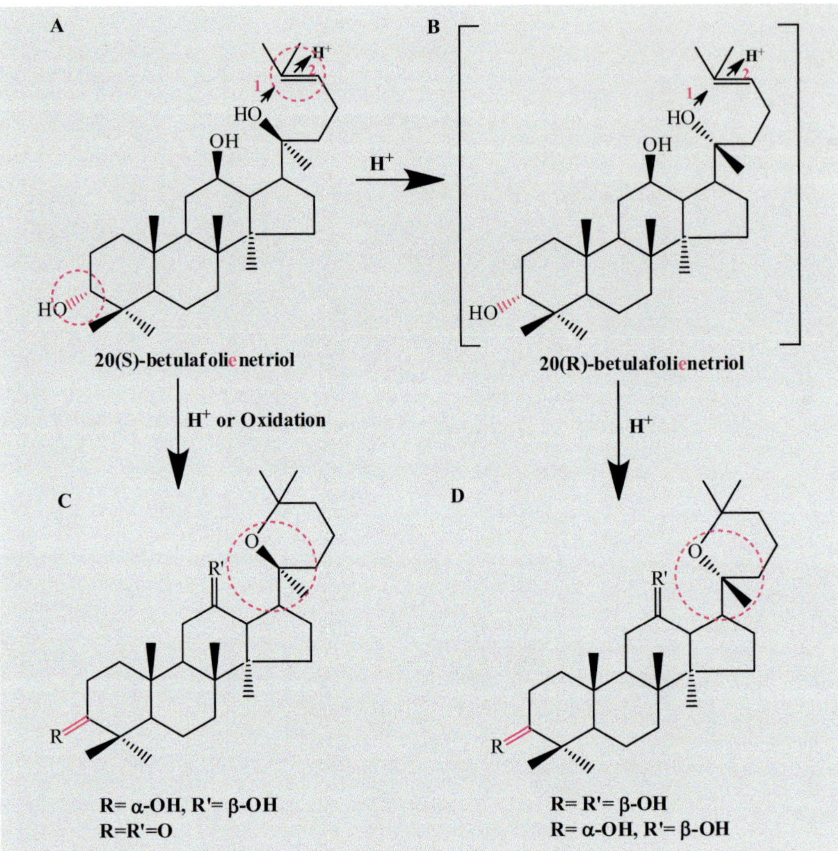

그림 7-3. 베툴라폴리에니트리올을 이용한 C3-epi-파낙사다이올과 C3,12-diketone 유도체 생성. 이 그림은 베툴라폴리에니트리올도 dihydroprotopanaxadiol처럼 C20에서 epimer인 C3,12-diketone derivative를 만들 수 있다는 것을 보여준 것이다. 인삼 사포닌을 산 가수분해하면 파낙사다이올 에피머가 만들어지는 것과 마찬가지로 20(S)-베툴라에니트리올의 C20 tertiary -OH group은 산(H^+) 촉매에 의하여 C20에서 epimerization에 의하여 20(R)-베툴라에니트리올이 되거나 두 가지가 섞인 혼합물(mixture)이 만들어진다. 이에 대한 원리로서 산 촉매가 추가로 일어나면, C20의 -OH group이 전자이동에 의하여 생긴 C25 carbonium ion을 공격하여(arrow 1) 측쇄(side chain)의 이중 결합이 단일 결합으로 되고(arrow 2), ring (cyclization)을 형성한다. 이를 **SN1 reaction**이라고 부른다. 따라서 인삼 사포닌의 산 가수분해는 2가지 변화를 유도한다. 하나는 C20의 -OH group의 에피머를 만드는 것이고, 다른 하나는 tetramethyl-tetrahydropyrane ring을 지닌 파낙사다이올을 만든다. 시바타 교수 그룹은 베툴라에니트리올(betulafolienetriol)을 이용하여 인삼 사포닌을 강산 처리할 때 생기는 과정을 재현 및 증명하였다.

을 증명하였다(그림 7-2). 그래서, 인삼 사포닌 산 가수분해 산물인 프로토파낙사다이올과 베툴라폴리에니트리올betulafolienetriol의 차이는 두 화합물 사이의 C3 epimer인 것만 다르다는 것을 보여주었다(그림 7-2와 그림 7-3).

베툴라폴리아니트리올betulafolianetriol과 베툴라폴리에니트리올Betulafolienetriol의 차이는 C24에 이중 결합이 존재 여부이다. 즉, 베툴라폴리아니트리올betulafolianetriol은 C24에 이중 결합이 없지만, 베툴라폴리에니트리올Betulafolienetriol의 차이는 C24에 이중 결합이 있다(그림 7-4와 그림 7-5).

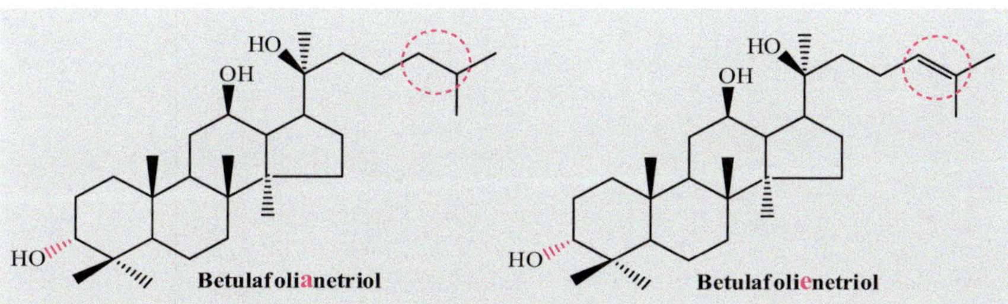

그림 7-4. betulafolianetriol과 betulafolienetriol의 차이 C24에 이중 결합 존재 여부이다(red circle).

그림 7-5. betulafolianetriol과 dammarenediol II의 차이는 C3의 -OH group의 입체구조와 C12에 -OH group의 존재 여부이다. 따라서, betulafolienetriol은 3-epi-12β-hydroxydammarenediol II로 나타낼 수 있다.

이 결과는, 20(S)-프로토파낙사다이올의 C3-epimer인 베툴라폴리에니트리올을 이용하여 프로토파낙사다이올이나 파낙사다이올을 만들어 질 수 있다는 것을 증명한 것이다(그림 3-15). 이에 대한 증거들을 다시 요약하면, 이미 알려진 흰 자작나무에서 분리한 베툴라폴리에니트리올을 피리딘에 포함된 크롬산(CrO_3)으로 가볍게 산화하면 디케톤이 생성되었는데, 이는 파낙사다이올에서 유래된 C3-케톤과 동일하다. 결과적으로 베툴라폴리에니트리올은 C3-에피-파낙사다이올의 관점에서 공식화될 수 있다.

베툴라폴리에니트리올을 이용한 트리메틸-테트라하이드로피란 고리의 에피머 형성 증명

시바타 교수 그룹은 베툴라폴리에니트리올에서 만들어진 파낙사다이올의 트리메틸-테트라하이드로피란 고리의 존재는 질량 스펙트럼(염기 피크: **m/e 127**)과 m.r. 스펙트럼을 통해 입증하였다(그림 7-3C와 D). 결과적으로, 인삼 중성 사포닌에서 만들어진 파낙사다이올의 트리메틸-테트라하이드로피란 고리와 같다는 것을 증명하였다.

베툴라폴리에니트리올에서 유래한 파낙사다이올의 산화 결과 만들어진 디케톤($C_{30}H_{48}O_3$)은 파낙사다이올에서 유래한 C3,12-다이케톤, m.p. 248-249°)과 유사한 O.R.D. 곡선을 나타내었다. 이러한 증거를 바탕으로 베툴라폴리에니트리올에서 유래한 파낙사다이올의 구조는 3,20-에피-파낙사다이올로 확정될 수 있다(그림 7-3).

따라서, 이 실험 결과는 파낙사다이올 혹은 디케톤 유도체가 베투라폴리에니트리올betulafolienetriol(=3-epi-12β-hydroxy-담마렌디올-II12β-hydroxydammarenediol-II)과 동일한 C20 배열을 유지한다는 것이 분명하다. 그러면, 인삼 사포게닌이면서 인공 산물인 파낙사다이올의 C20의 절대 배열은 프로토파낙사다이올(12β-hydroxy-다마렌디올-I 유형)

과 동일하다고 할 수 있다.

요약: 산 촉매에 의한 인삼 사포닌의 C20의 에피머와 ring이 형성되는 과정을 다른 식물들(흰 자작나무white birch와 Shorea wiesneri-Dammar resin 생성)에서 분리된 화학물질(베툴라폴리아니트리올과 담마란디올)을 통하여 증명하였다.

염소화합물이 아닌 다른 우회 방법을 통한 C20R-프로사포게닌 epimer 결정

인삼 사포닌의 진짜 C20R-epimer 형성에 대한 2번째 검증

시바타 교수 그룹은 인삼 사포닌에는 어떤 형태의 epimer가 진짜로 존재하는 가를 또 다른 방법으로 검증하는 연구를 실시하였다. 즉, 인삼 사포닌의 일반적인 산 가수분해로 인해 발생하는 인위적으로 에피머화로 인한 혼란을 피하는 방법을 선택하였다. 그러기 위하여 먼저 산 촉매에 의한 파낙사다이올 형성을 막기 위하여, 진세노사이드 Rb1 Rb2 및 Rc 각각 수용액에 들어있는 소디움 메타과요오드산sodium metaperiodate($NaIO_4$)로 산화시켰다. 이 반응으로 생성된 침전물을 2N H_2SO_4와 H_2O로 연속적으로 세척한 다음, 수용액 에탄올(aq. EtOH)에 녹인 $NaBH_4$로 환원시켰다(그림 7-6).

반응 혼합물을 다시 H_2SO_4로 pH1.8~2.0으로 다시 산성화하고, 실온에서 밤새도록 방치했다. 이 반응으로 얻은 어글리콘(aglycone)은 박층(TLC) 및 gas-liquid chromatography를 통해 C20(R)-epi-프로토파낙사다이올C20R-epi-protopanaxadiol(=3-에피-베툴라폴리에니트리올 3-epi-betulafolienetriol)인 것으로 증명되었다(그림 7-6과 그림 7-7). 대신 C20(R)-protopanaxadiol은 생성되지 않았다(그림 7-6). 따라서, 인삼 사포닌 높은 농도(conc.)의 산 가수분해 결과 생성된 사포게닌을 결

Ginsenoside Rb1, Rb2, Rc

OH

OH

Cl

D-Glucose-(1-2)-D-Glucose-O

Prosapogenin

1) IO_4^-
2) $NaBH_4$
3) H^+ (weak)

Conc. HCl

HO

OH

Cl

HO

OH

OH

Cl

HO

HO

OH

HO

20S-protopanaxadiol
(20R-epi-protopanaxadiol)
(3-epi-betulafolienetriol)

X

OH

OH

HO

20R-protopanaxadiol

H^+

HO

OH

HO

20S-dihydroprotopanaxadiol

그림 7-6. 진세노사이드 Rb 그룹에서 프로토파낙사다이올 염소화합물과 20(R)-protopanaxadiol의 생성없이 직접 20(S)-protopanaxadiol와 20(S)-dihydroprotopanaxadiol을 제조하는 방법.

정적으로 제외할 수 있다. 위에서 설명한 것과 동일한 방법으로, 개별 진세노사이드가 아닌, 더 많은 양의 진세노사이드 Rbl, Rb2 및 Rc의 혼합물을 처리하면 결정질의 C20(S)-프로토파낙사다이올(m.p. 199-200°)이 만들어지는 것을 확인하였다.

C20R-프로사포게닌의 C20R-epimer 생성을 증명하여, 단순히 20R-epimer라는 명칭 대신에 C20(S)-protopanaxadiol이라는 이름의 탄생

시바타 교수 그룹은 앞에서 기술했던, 진세노사이드 Rb1, Rb2 및 Rc의 순수 사포게닌은 C20(R)-프로토파낙사다이올의 에피머인 C20(R)-에피-프로토파낙사다이올이라고 처음 이름을 붙였다. 그 후 C20(R)-에피-프로토파낙사다이올을 C20(S)-프로토파낙사다이올로 수정하여 정식 명칭을 붙여 표현하였다(그림 7-7). 인삼 산 가수분해 결과 만들어진 C20(R)-프로토파낙사다이올은 인삼 사포닌의 산

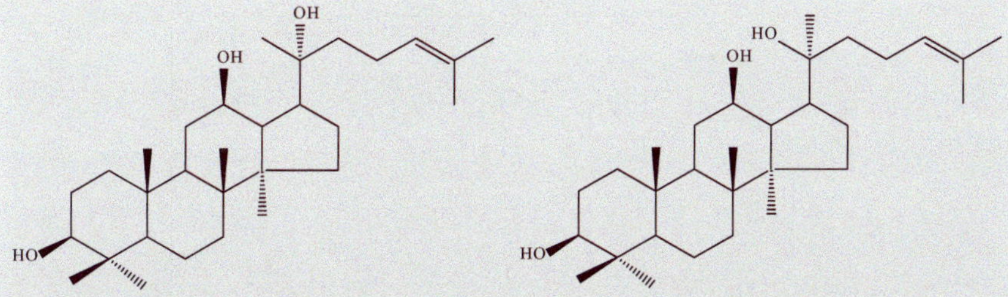

20R-protopanaxadiol

20S-protopanaxadiol
(20R-epi-protopanaxadiol)

그림 7-7. 진짜 인삼 사포게닌인 20(S)-protopanaxadiol의 탄생. 인삼 중성 사포닌을 열을 가하고 강산으로 처리하면, panaxadiol이 생성된다. 열을 가하지 않더라도 20R-prosapogenin이 생성된다. 그림 7-6의 방법을 이용하여 인삼 중성 사포닌을 처리하면, panaxadiol과 20R-prosapogenin은 만들어지지 않고, 20S-protopanaxadiol만 직접 만들어진다. 이 결과를 근거로 원래 인삼 사포닌에 존재하는 C20의 절대 배위는 S-form이라고 결론지었다. 시바타 교수 그룹은 C20에서 R-form이 만들어지는 이유는 산 촉매에 의하여 C20의 절대 배위가 바뀌는 것으로 결론지었다.

가수분해 과정 중 C20(S)-protopanaxadiol이 에피머화되어 C20(R)-protopanaxadiol로 –OH group의 에피머화epimerization에 의해 생성된 인공 물질artifact로 확정한 것이다.

C20(R)-protopanaxadiol 형성 특징

1) 인삼 중성 사포닌의 산 가수분해 과정에서 생성되는 파낙사다이올(강산)과 프로토파낙사다이올(약산 혹은 다른 조건 활용)이 있다. 강산 가수 분해시 C20(R)-form과 C20(S)-form 혼합물을 만들고 평행에 이른다.

2) 산 가수분해 과정에서 C20(R)-form이 C20(S)-form보다 더 우세하게 만들어진다. 즉, 많이 만들어지기 때문에 처음에는 C20(R)-form을 진짜 사포게닌으로 오해하였다.

3) 따라서, 인삼 사포닌 화학 구조를 연구하는 과정에서 눈에 띄게 더 많이 만들어지는 C20(S)-form보다 C20(R)-form을 이용한 연구가 진행하는 것이 더 쉬웠을 것으로 예상된다.

5) 그러나, 본 장에서 검증된 바와같이, 산 가수분해에 의한 에피머 형성 조건을 제거하는 방법으로 프로토파낙사다이올을 만들면, 실제로(진짜) 존재하는 인삼 사포닌의 C20의 epimer 형태는 C20(R)-form이 아니고, C20(S)-form로 존재하는 것으로 밝혀졌다. 여기에 당 성분이 추가로 결합하는 것으로 생각할 수 있다.

프로토파낙사다이올과 담마란디올-I과 화학 구조 유사성 확인

시바타 교수 그룹은 그 전에 발표된 논문을 통하여, dammaranediol-I과 dammaranediol-II의 C20의 절대 배열을 다루어 dammaranediol-I은 R-form, dammaranediol-II는 S-form라는 결론을 도출했다. 또, 프로토파낙사다이올은 이미 담마란디올-I과 유사한 화학구조를 가지고

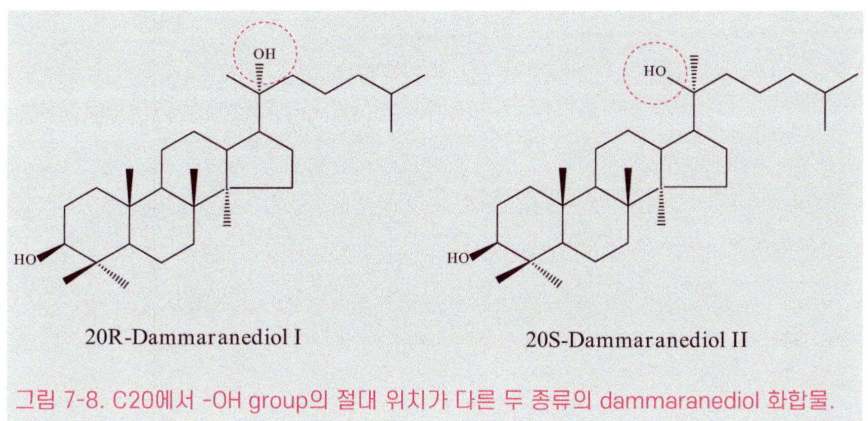

그림 7-8. C20에서 -OH group의 절대 위치가 다른 두 종류의 dammaranediol 화합물.

있는 것과도 상관관계가 있음을 확인하였다. 담마란디올-I의 C20의 절대 배열은 R로 표시되고 담마란디올-II의 절대 배열은 S 배열이라고 결론지었다. 따라서, 담마란디올-II는 담마란디올-I의 epimer라고 생각할 수 있다(그림 7-8).

프로토파낙사다이올 측쇄의 이중 결합 위치 결정

프로토파낙사다이올을 산으로 가볍게 처리하면 측쇄side chain에서 이중 결합이 이동할 가능성이 있다. 그러나, 아직 진짜 사포게닌genuine sapogenin 측쇄의 이중 결합 위치는 결정적으로 확립되지 않았다. 그래서, 처음 단계에서는 시바타 교수 그룹은 측쇄의 이중 결합 위치를 확정하지 않고 그림 7-9A와 그림 7-9B 및 그림 7-9C에서처럼 C24 또는 C25에 있을 것이라는 가능성을 보여주었다. 그 이유는 아래와 같이 반응 정도에 따라 측쇄 이중 결합 위치가 바뀌었기 때문이다.

Protopanaxadiol side chain의 이중 결합 위치로 C24 확정 및 C24와 C25 이성질체 존재 가능성 확인

후속 연구를 통하여 시바타 교수 그룹은 염소를 포함하는 사포게닌

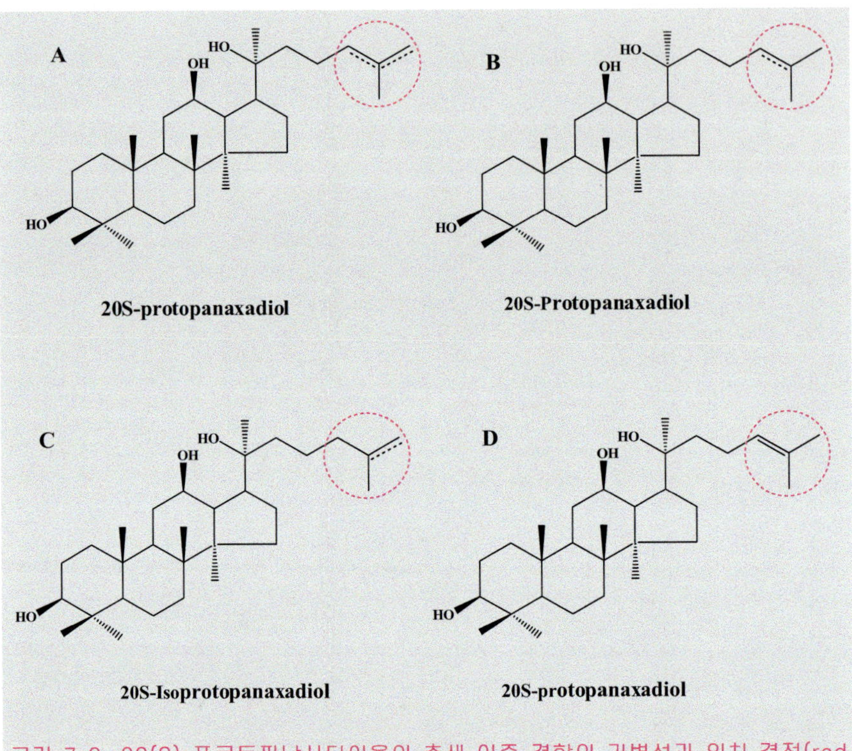

그림 7-9. 20(S)-프로토파낙사다이올의 측쇄 이중 결합의 가변성과 위치 결정(red circles). 최종적으로 D가 맞는 것으로 확인되었다.

의 염소 화합물(그림 7-12)에서 두 이성질체(C24 혹은 C25)가 형성되는 비율은 탈염소화 반응의 조건에 따라 달라질 수 있음을 확인하였다. 즉, 한 가지 화합물은 측쇄에 이소프로필리덴형isopropylidene type의 이중결합이고, 다른 화합물은 측쇄에 이소프로페닐형isopropenyl type의 이중 결합의 혼합물일 가능성이 높다고 가정하였다. 시바타 교수 그룹은 두 이성질체 분리를 하지 않았다. 그러나, 두 화합물에 대해 각각 프로토파낙사다이올(C24)(그림 7-9B)과 이소프로토파낙사다이올(C25)(그림 7-9C)로 가정하여 이름을 붙였다. 그 다음 단계로, 시바타 교수 그룹은 아래와 같은 방법에 근거하여 측쇄의 이중 결합 위치를 결정 및 확정하였다.

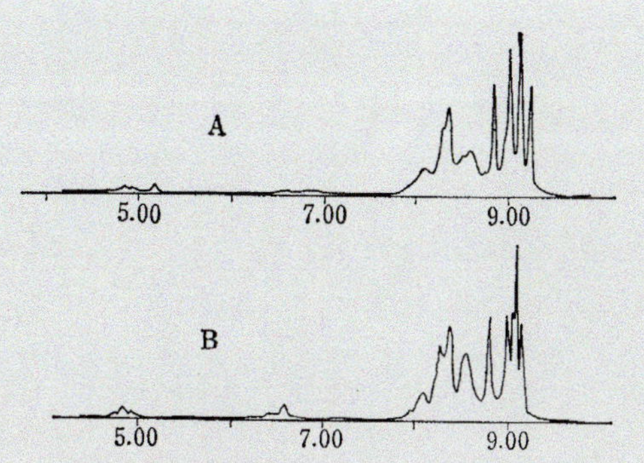

그림 7-10. Nuclear Magnetic Resonance(NMR) spectra(in $CDCl_3$, 60 mc) 결과. Protopanaxadiol(A)(그림 7-9D)과 betulafolenetriol(B)(그림 7-3) 사이에 큰 차이를 보여주지 않고 있다. Chem. Pharm. Bull., 14, 595 (1966)

베툴라폴리에니트리올의 측쇄와 프로토파낙사다이올의 NMR 비교 분석

중클로로포름의 NMR 스펙트럼(그림 7-10)에서 이중 결합의 메틸에 의한 τ8.30-8.35(3H 이상)의 신호는 명확하게 분리되지 않았으며 비닐(vinyl) 양성자 신호는 τ4.80-5.00과 τ5.30 근처에 모두 나타났다. 측쇄에 이소프로필리덴 유형의 이중 결합을 갖는 **베툴라폴리에니트리올**betulafolienetriol은 τ8.30 및 8.36(각각 3H, C24의 비닐 양성자와 장거리 결합으로 인한 넓은 싱글렛)에서 명확하게 분리된 메틸 신호를 보이고 τ4.80-5.00(1H) 근처에서 비닐 양성자 신호를 보였다(그림 7-10). 즉, NMR 스펙트럼 분석 결과는 프로토파낙사다이올의 측쇄 구조는 베툴라폴리에니트리올betulafolienetriol 매우 유사함을 확인하였다(그림 7-9D).

또, 담마란형 트리테르펜의 측쇄의 화학적 특성은 진세노사이드의 예를 들어 설명할 수 있다(그림 7-11). 즉, 진세노사이드 Rb1, Rb2 및 Rc 또는 이들의 프로사포게닌에서 유래한 염소(chloride) 화합물

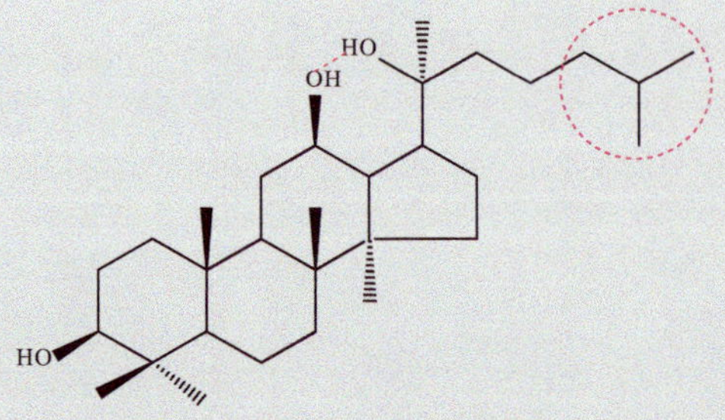

그림 7-11. 인삼 사포닌 혼합물과 개별 진세노사이드 Rb1, -Rb2, -Rc는 끓는 묽은 무기산으로 가수분해하면 파낙사다이올을 생성했다. 반대로, 산 촉매 수소화된 사포닌 혼합물(GNS)을 산 가수분해하면 파낙사다이올은 생성되지 않고, 디히드로프로토파낙사다이올이 양호한 수율로 생성되었다(red circle).

(그림 7-12A와 B)을 농염산 가수분해하여 탈염소화하면, C20의 –OH group의 epimer와 측쇄에 이소프로필리덴isopropylidene(그림 7-12C와 D)(C24)과 이소프로페닐isopropenyl (C25) 이중 결합(그림 7-12E와 F)을 갖는 화합물이 생성된다. 두 가지 유형의 이중 결합 시스템의 발생 비율은 사용된 탈염소화 시약에 따라 달라진다(그림 7-12).

프로토파낙사다이올과 더불어, 아세틸화된 진세노사이드-Rb1, 진세노사이드-Rb2, 그리고 진세노사이드-Rc의 NMR 스펙트럼은 **베툴라폴리에니트리올**의 스펙트럼에서 관찰된 것과 같이 τ8.30-8.40 영역에서 **이중 결합에 존재**하는 두 개의 메틸기에 의한 신호를 명확하게 나타내며, 이는 이소프로필리덴형 이중 결합의 존재를 시사함을 확인하였다(그림 7-12C와 D).

결과적으로, 베툴라폴리에니트리올의 측쇄 구조의 근거로, 시바타 교수 그룹은 이들 중성 사포닌의 진정한 사포게닌은 프로토파낙사다이올(그림 7-12C)로 나타내야 한다고 결론내렸다. 그 이유는 파낙사다이올의 트리메틸-테트라하이드로피란 고리는 프로토파낙사다이올 측쇄의 산 촉매 작용에 의한 고리 폐쇄closing에 의해 이들 사포닌의

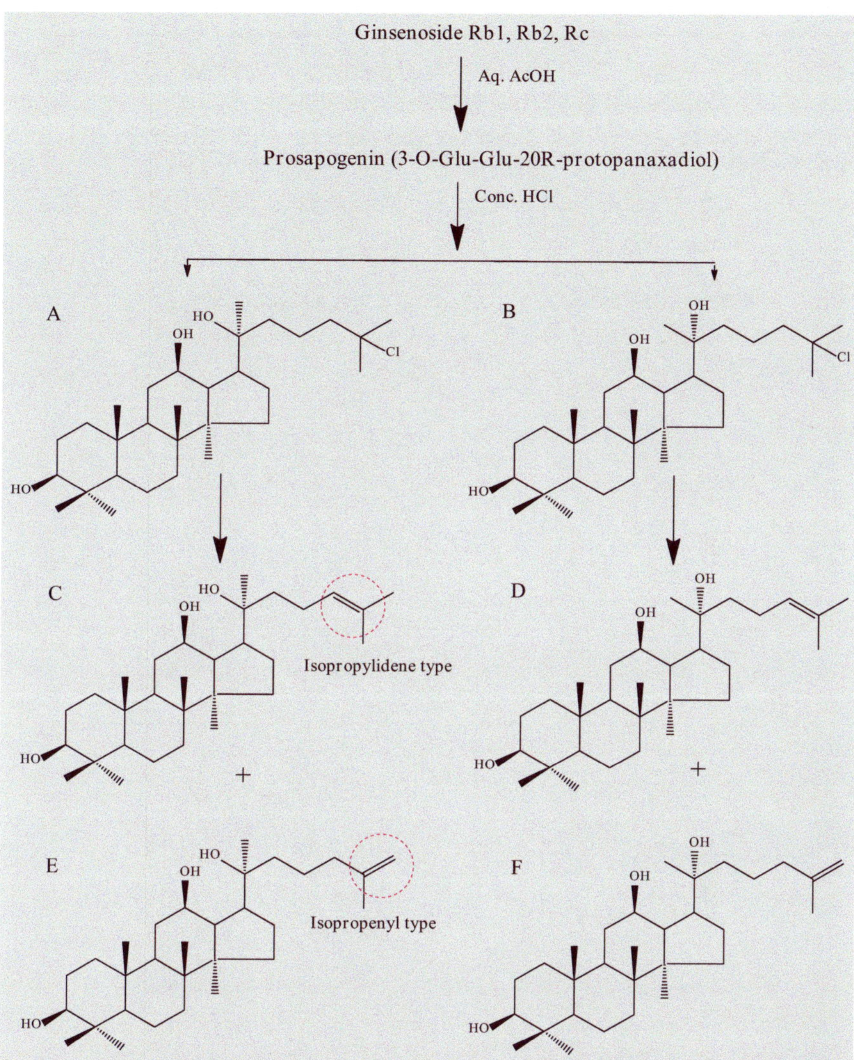

그림 7-12. 인삼 중성 사포닌 그룹을 이용하여 염소 화합물을 만들고, 염소를 제거한 후 만들어지는 프로토파낙사다이올은 2 종류의 이중 결합을 지닌 측쇄들이 혼합하여 만들어진다. 두 가지 중 어느 것이 인삼 중성 사포닌에 진짜로 존재하는 가를 betulafolienetriol의 측쇄 구조를 참고로 하여 결정하였다. 최종적으로 프로토파낙사이올이 가지고 있는 측쇄의 이중 결합은 isopropylidene type(red circle)(C)인 것으로 밝혀졌다.

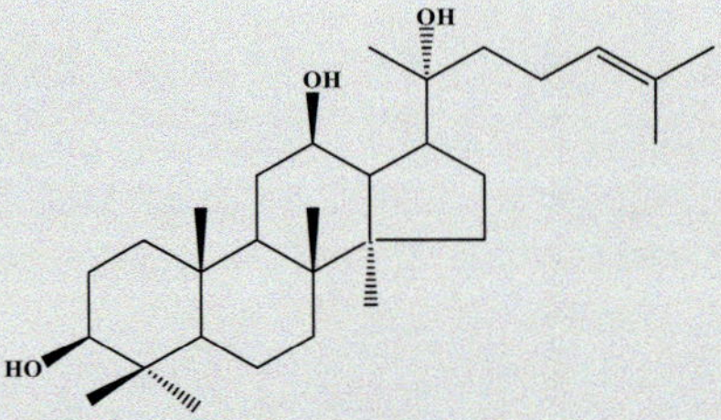

20R-protopanaxadiol

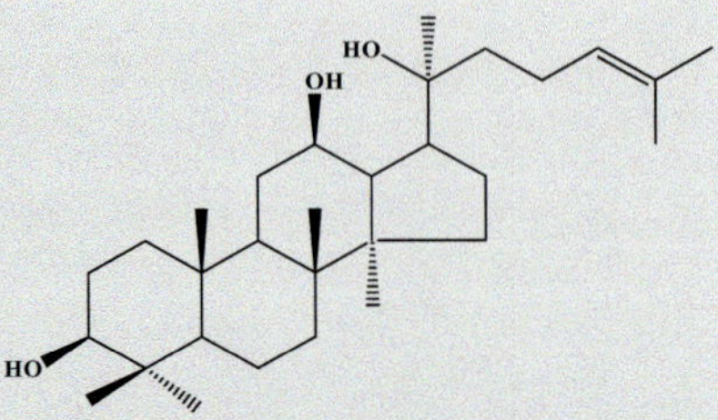

20S-protopanaxadiol

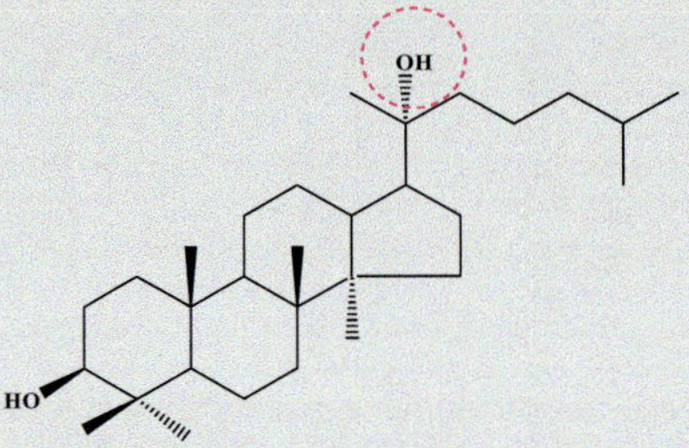

20(R)-Dammaranediol I

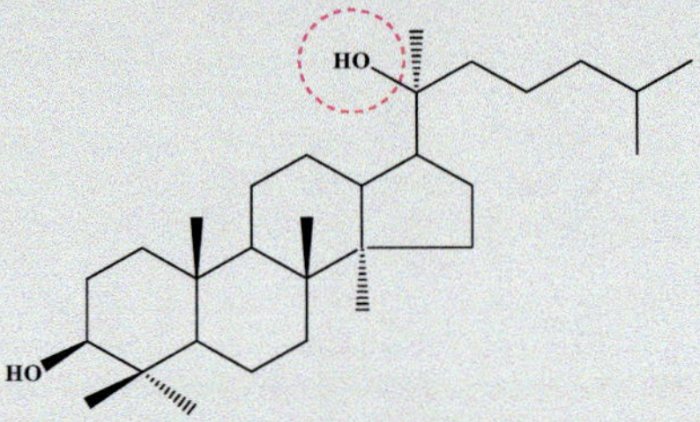

20(S)-Dammaranediol II

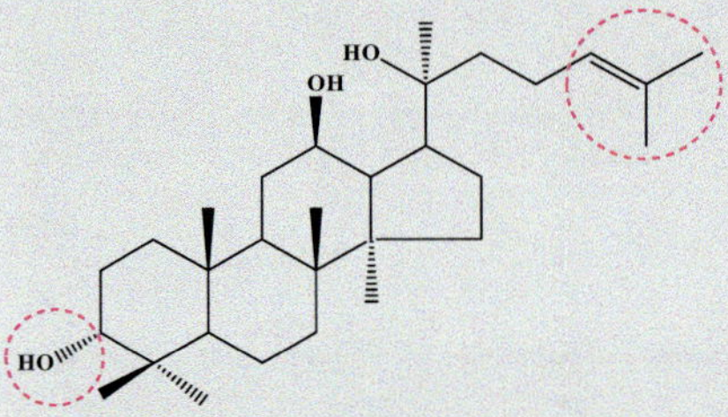

Betulafolienetriol

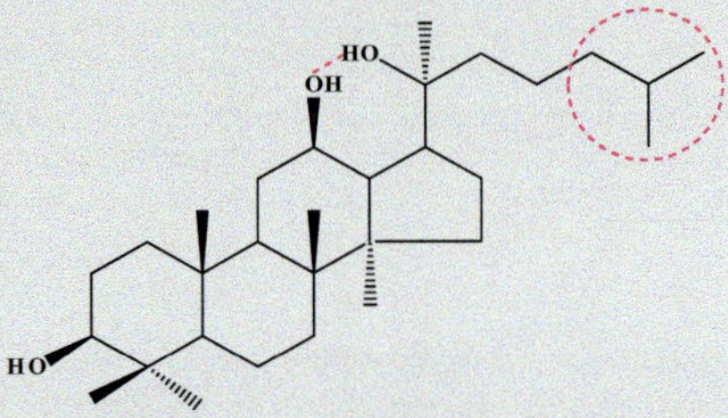

Dihydrotopanaxadiol

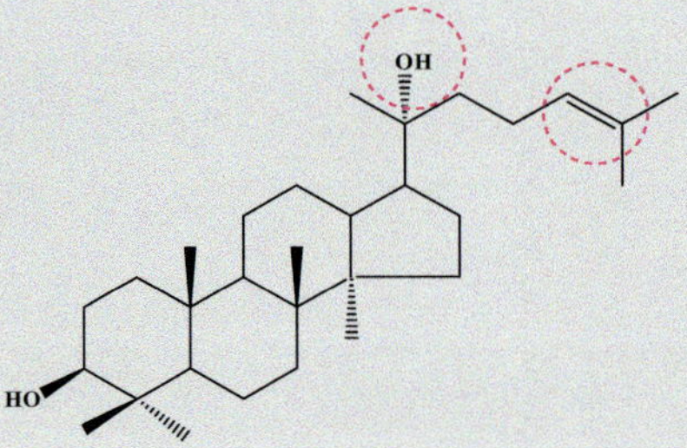

20(R)-Dammarenediol I

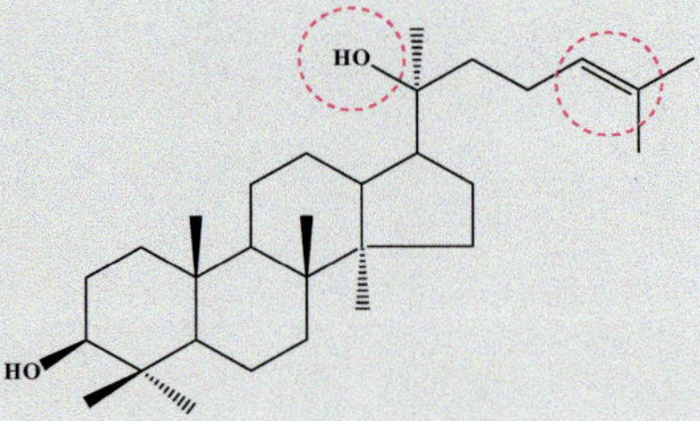

20(S)-Dammarenediol II

그림 7-13. 프로토파낙사다이올의 C20에 존재하는 -OH group의 입체 구조와 측쇄에 존재하는 이중 결합의 위치를 밝히기 위하여 활용한 betulafolienetriol과 dammarenediol 계통의 화학물질들. 시바타 교수 그룹은 이미 화학구조가 잘 알려진 두 물질을 참고로 프로토파낙사다이올의 C20의 chirality와 측쇄의 이중 결합 위치(C24)를 확정하였다.

산 가수분해 과정에서 형성된다는 결론이 도출되었기 때문이다(**그림 7-3** 참조).

요약하면, 시바타 교수 그룹은, 인삼에서 분리된 진세노사이드 Rb 그룹의 중성 사포닌을 이용한 연구에서 12β-하이드록실을 갖는 담마란 유형-트리테르펜 계통의 화합물에서 C20의 –OH group이 산 촉매에 의하여 에피머화epimerization되는 과정을 프로토파낙사다이올과 화학구조가 비슷한 베투라폴리에니트리올betulafolienetriol과 담마렌디올dammarenediol-II을 이용하여 프로토파낙사다이올의 측쇄 이중 결합 위치를 확정하였다(**그림 7-13**).

제 8 장

1966년 인삼에서 인삼 사포닌 분리 방법 개선 및 thin layer chromatography (TLC) 방법에 의한 개별 인삼 사포닌들 분리법 제시

....

시바타 교수 그룹에서 그 동안 발표한 논문들을 보면, TLC에 의한 개별 인삼 사포닌 분리를 1966년도 이전에 실시하여 개별 사포닌을 분리했었겠지만, 논문으로 처음 나온 것은 1966년이었다. 인삼에서 분리한 인삼 사포닌을 강산으로 가수분해시키면 당이 떨어지면서, prosapogenin 및 sapogenin 즉, protopanaxadiol(genuine genin) 및 panaxadiol(2차 인공 생성 물질)이 만들어진다(그림 8-1). Panaxadiol과 protopanaxadiol이 만들어지는 과정을 제4장에서 확인하였다. 또, 파낙사다이올과 프로토파낙사다이올의 –OH group 및 C/D 골격 입체 구조도 기술하였다(제6장). 이 장에서는 시바타 교수 그룹에서 수행했던 개별 인삼 사포닌 분리 방법에 대하여 살펴본다.

먼저, 시바타 교수 그룹은 1930년 코타케가 사용했던 인삼 사포닌 분리 방법보다 더 개선된 방법을 인삼 사포닌 추출에 도입하였다. 그림 8-2에서 보듯이, 기존의 방법대로 에테르로 먼저 추출하는 것이 아니었다(제4장). 인삼을 hot 메탄올로 먼저 추출하였다. 그 다음 단계들은 1930년도의 코다케와 다른 인삼 연구자들이 실시한 방법과 큰

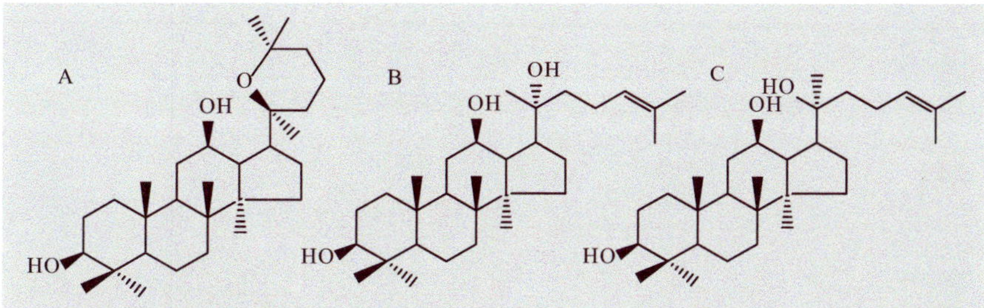

그림 8-1. 인삼 중성 사포닌을 산 가수 분해하면 만들어지는 파낙사다이올(A), 20(R)-protopanaxaiol과 20(S)-protopanaxadiol. 이 3가지 화학물질들은 처리하는 산의 농도, 처리 온도 및 처리 시간에 따라 다르게 만들어진다(제4장과 제5장).

차이를 보여주지 않는다. 메탄올을 먼저 사용한 이유는 아마도 인삼 사포닌을 먼저 추출하고 나서 에테르 용해성 물질을 제거하기 위함이 아닐까 생각된다.

그림 8-3에서처럼, 시바타 교수 그룹은 먼저, 인삼에서 메탄올과 부탄올을 이용하여 분리한 조crude 사포닌 분획을 준비한 다음, TLC 분리 기술을 이용하여 다양한 사포닌들의 이동 거리(Rf value 차이)에 따른 개별 사포닌 분리를 실시하였다.

실리카 겔 TLC 판plate를 전개하는 동안에, 혼합물로 존재하던 인삼 사포닌들이 서로 분리되는 과정에서 생기는 다른 여러 종류의 인삼 사포닌 명칭을 다르게 이름을 지었다. 처음 인삼 조crude사포닌 분리를 위하여 사용한 TLC 전개 용매developing solvent는 2종류를 사용하여 순차적으로 분리하였다. 먼저, n-BuOH-AcOEt-H_2O=5:1:4로 분리하였다. 이 전개 용매를 사용할 경우, Rf(retention factor) 값 차이에 따라 ginsenosides Rx (x=o, a, b, c, d, e, f, g1, g2, g3와 h)이 분리되었다(그림 8-3). R은 "radix(뿌리)"를 의미한다. 이들 개별 사포닌에 대한 명칭은 잠정적으로 이들 사포닌 이름을 Rf value 순서에 따라 시작(bottom: 극성이 높은 사포닌들 즉, H_2O에 잘 녹는 당을 많이 포함

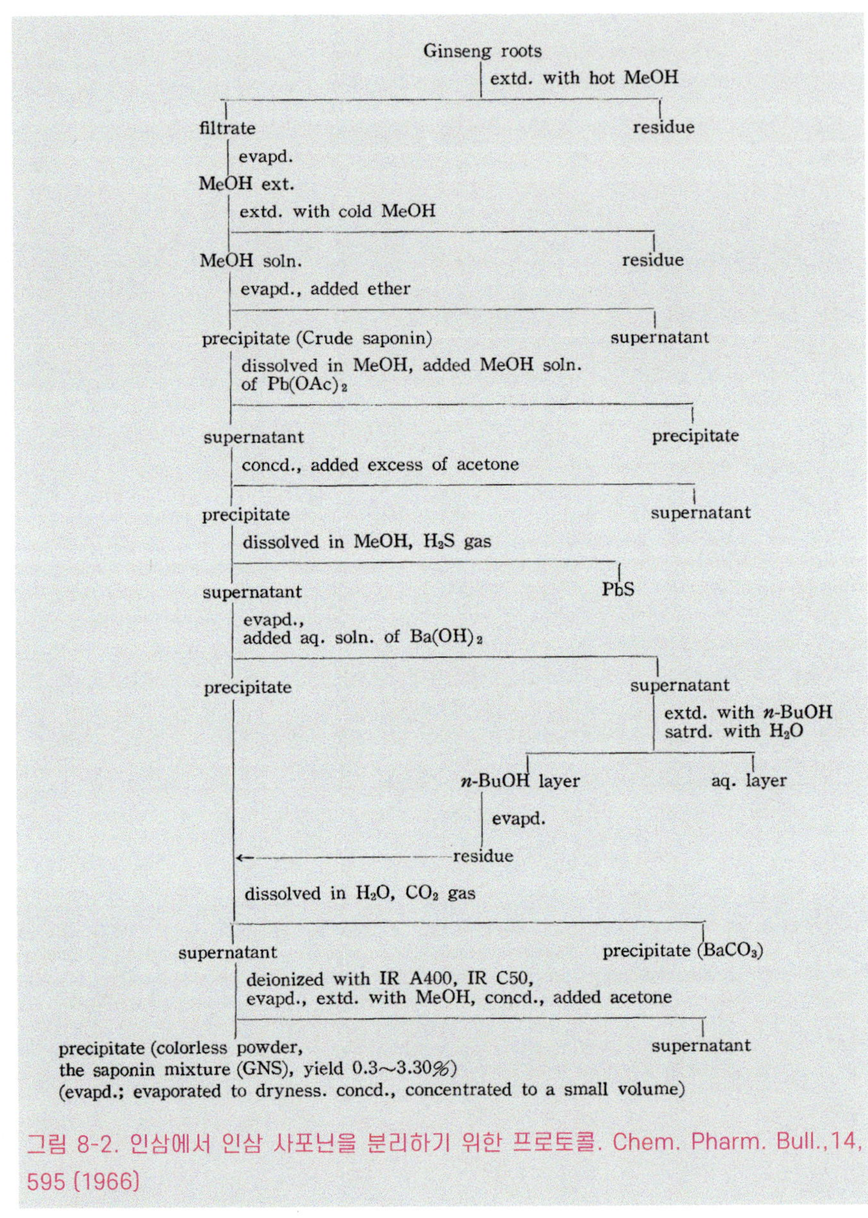

그림 8-2. 인삼에서 인삼 사포닌을 분리하기 위한 프로토콜. Chem. Pharm. Bull.,14, 595 (1966)

하는 인삼 사포닌들) 부위에 가까운 곳에 존재하는 사포닌들과 시작 부위에서 멀리 이동한(top, 극성이 낮은 사포닌들 즉, H_2O에 잘 녹는 당의 적게 포함하는 사포닌들) 사포닌들까지, 즉 인삼 사포닌이 TLC

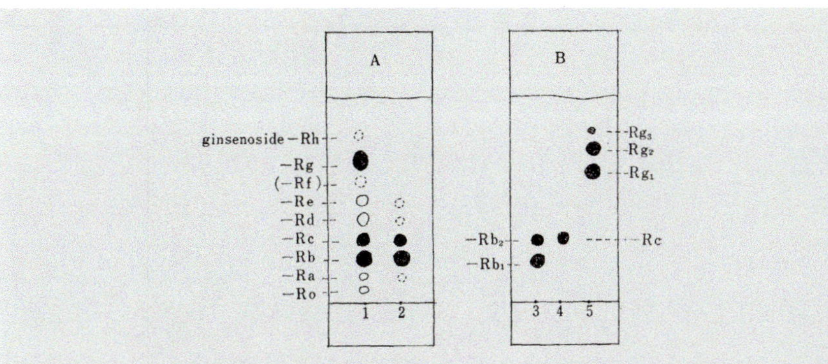

그림 8-3. 그림 8-2 절차를 통하여 분리된 인삼 사포닌들을 이용한 thin layer chromatogram. 전개 용매 조건에 따라 개별 인삼 사포닌(ginsenosides)의 분리 정도가 다른 것을 보여준다. A. 전개 용매 구성, n-BuOH:AcOH:H_2O=5:1:4. Lane 1: crude saponin mixture of ginseng. Lane 2: The neutral saponin mixture(GNS). B. 전개 용매 구성, $CHCl_3$:MeOH:H_2O=65:35:10. 3, Ginsenoside Rb group, 4, Ginsenoside Rc, 5, Ginsenoside Rg group. Chem. Pharm. Bull., 14, 595 (1966)

plate에서 전개되는 순서에 따라 ginsenosides Rx (x=a, b, c, d, e, f, gl, g2, g3와 h)로 명명하였다.

TLC 판에서 진세노사이드 Rb 그룹과 진세노사이드 Rg 그룹에 해당하는 부분을 긁어서 다음 그것을 다시 전개 용매 구성이 다른 $CHCl_3$-MeOH-H_2O=65:35:10(현재 인삼 사포닌 분리를 위하여 TLC를 실시할 때 가장 많이 사용하는 용매 구성 및 비율) 전개 용매에서 다시 TLC를 실시하면, 앞에서 사용했던 전개 용매에 의하여 분리되지 않았던 진세노사이드 Rb 그룹이 다시 진세노사이드 Rb1과 Rb2로 추가로 분리되는 것을 발견하였다. 즉, 두 번째 전개 용매를 사용하면, 진세노사이드-Rc는 진세노사이드-Rb2와 거의 동일한 Rf(retention factor) 값을 보였다. 같은 방법으로 진세노사이드 Rg 그룹 역시 진세노사이드 Rg1, Rg2 및 Rg3로 추가로 더 세분되어서 분리하였다. 이런 연구 결과는, TLC에서 인삼 사포닌 분리를 위한 전개 용매 조성 및 성질에 따라 인삼 사포닌이 분리되거나 안되는 것으로 나타난다는 것을 확인한 것이다. 미묘한 전개 용매 조성 변화 조정이 중요한 것으로 보인다(**그림 8-3**).

TLC에서 가장 함유량이 높은 진세노사이드 Rb1, Rb2, 및 Rc를 짙은 무기산mineral acid으로 가수분해하면 panaxadiol이 생성된다. **그림 8-3**에서 처럼, 첫 번째 전개 용매를 이용하여 조사포닌 분획을 TLC를 실시하면, 위의 3가지 진세노사이드들이 함께 뭉쳐서 분리되기 때문에, 높은 수율의 진세노사이드를 얻을 수 있었다. 아마도 시바타 교수 그룹이 진세노사이드 Rb 그룹을 모아서 산 가수분해 결과 만들어진 panaxadiol의 화학 구조를 밝히는 연구를 처음 시작하게 된 동기가 될 수 있다.

즉, 이런 결과들은 시바타 교수 그룹의 선행 연구들에서 수행했던 인삼 사포닌을 산 가수분해를 통하여 얻은 대부분의 panaxadiol은 이들 진세노사이들로부터 만들어지는 것으로 생각된다. 뒤에 panaxadiol은 진세노사이드의 산 가수분해에 의하여 만들어진 인공물질artifact product인 것으로 판명되었지만, 어쨌든 인공물일지라도, 인삼 사포닌 화학 구조규명에 아주 중요한 단서들을 제공한 셈이다.

또, panaxadiol은 다양한 인삼 종들Panax species에서 만들어지는 것으로 나타났다. 즉, Panax ginseng C.A. Meyer(잎과 뿌리), Panax pseudoginseng(뿌리, 근경rhizomes, 잎), Panax japonicus(뿌리와 근경), Panax quinqufolium L.(American ginseng, 뿌리), 전칠삼(Sanchi ginseng). 이런 분석 결과는 Panax species의 다양한 인삼들은 protopanaxadiol ginsenosides을 공통적으로 포함하고 있음을 의미한다. 즉, 인삼종은 달라도, 이들은 모두 diol-type 진세노사이드들을 포함하고 있다는 의미다(제4장).

제 9 장

Panaxatriol과 protopanaxatriol의 화학 구조 결정

....

앞장들에서는 주로 파낙사다이올과 프로토파낙사다이올과 관련된 화학구조 결정, 그들의 입체 구조 특징, 및 진세노사이드 분리 방법들에 대하여 살펴보았다. 본 장에서는 시바타 교수 그룹이 파낙사다이올 혹은 프로토파낙사다이올과 동족체homologues인 파낙사트리올panaxatriol과 프로토파낙사트리올protopanaxatriol의 화학구조 및 특징들을 어떻게 규명 했는 가에 대하여 살펴본다.

시바타 교수 그룹은 진세노사이드 Rb에 속하는 그룹과 같은 중성 사포닌 대신(제8장), 먼저, TLC 분리를 통하여 얻은 진세노사이드 Rg1을 진세노사이드 Rb 그룹에 처리했던 것과 같은 절차 및 방법에 따라 실험하였다. 즉, 진세노사이드 Rg1의 강산 가수분해를 통해 얻은 **파낙사트리올**panaxatriol (MW=476 Da, $C_{30}H_{52}O_4$, m.p. 238-239°)의 구조식을 제안하였다(그림 9-1A). 파낙사트리올을 실온에서 아세트산 무수물과 피리딘으로 아세틸화하면, 분자 내 수소 결합이 존재하는 파낙사트리올은 디아세테이트($C_{34}H_{56}O_6$, m.p. 268-269°)가 만들어지는 것을 확인했다(그림 9-1B).

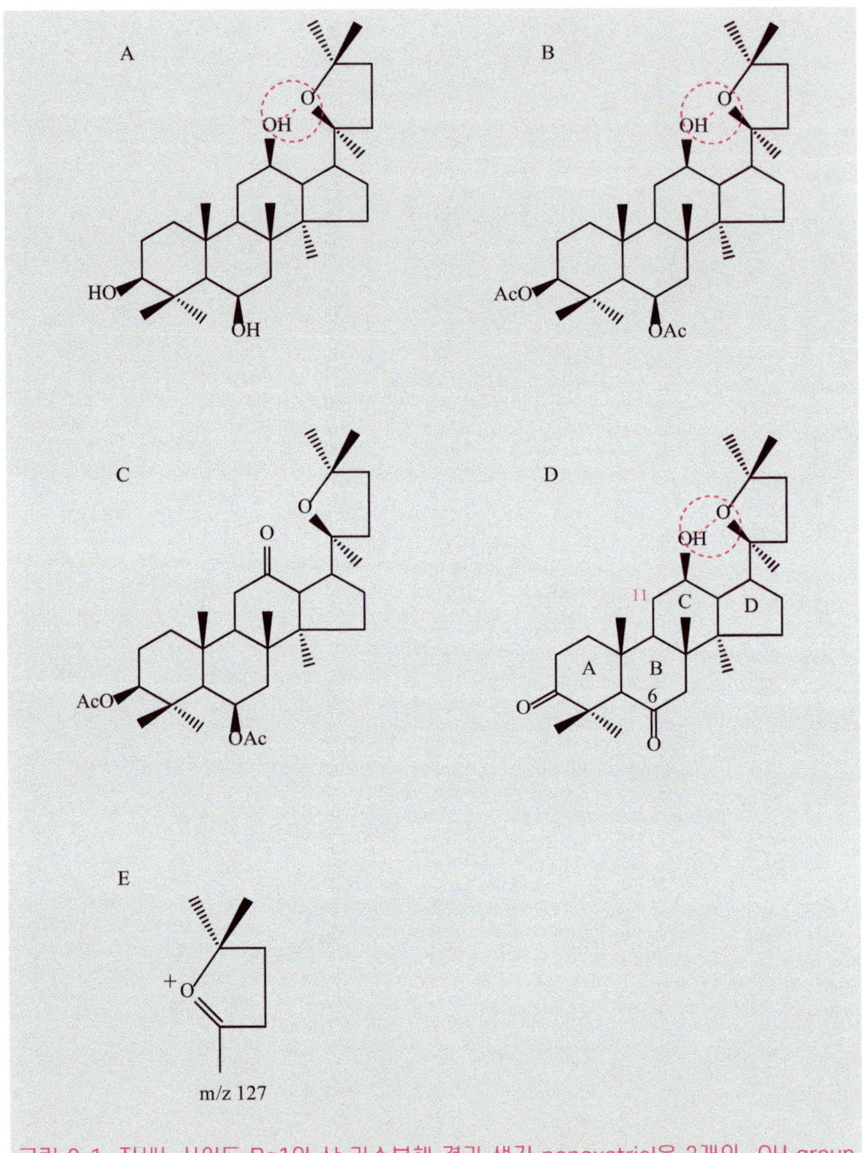

그림 9-1. 진세노사이드 Rg1의 산 가수분해 결과 생긴 panaxatriol은 3개의 -OH group을 가지고 있고, trimethyl-tetrahydropyrane ring은 파낙사다이올과 같다.

파낙사트리올 디아세테이트를 Jones 시약Jones' reagent으로 산화하면 모노케톤 화합물의 디아세테이트($C_{34}H_{54}O_{6}$, m.p. 240-241°)로 파낙사트리올 디아세테이트에서 관찰되었던 –OH group band가 사라지는 것을 확인하였다(그림 9-1C). 여기에 피리딘에서 크롬 삼산화물로 파낙사트리올을 가볍게 추가 산화하면 **다이케톤 화합물**, **($C_{30}H_{48}O_4$, m.p. 219-220°)**(분자 내 수소 결합 존재); 1718 cm^{-1}(6원자 고리 C=O)]이 생성되었다(그림 9-1D), 이 실험 결과는 파낙사다이올과 달리 진세노사이드 Rg1에서 유래된 파낙사트리올에 존재하는 –OH group의 숫자는 3개일 가능성을 보여주었다. **모노세미카바존**monosemicarbazone($C_{31}H_{51}O_4N_3$, m.p. 254-255°)이 생성되는 것을 확인하였다.

파낙사트리올의 질량 스펙트럼(nmr)은 panaxadiol과 동일한 m/e 127에서 염기 피크를 보였으며(그림 9-1E), 이 결과는 파낙사다이올 처럼 분자 내에 2,2,6-trimethyl-tetrahydropyrane ring이 존재함을 나타내었다. 파낙사트리올의 NMR 스펙트럼은 8개의 메틸기 신호를 나타내며, 그 중 3개는 파낙사다이올에서 관찰된 것처럼 tetrahydropyrane 고리의 3개 메틸에 해당된다.

파낙사트리올의 특징들

또, 시바타 교수 그룹은 다음과 같은 파낙사트리올의 특징들을 확인하였다.

1) 파낙사트리올도 파낙사다이올과 같이 12C의 –OH group은 β-form이고, 분자 내 수소 결합을 가지고 있고, 트리메틸-테트라하이드로피란 고리의 gem-dimethyl에 의해 입체장애를 받는다.

2) C12에 존재하는 β–OH group은 아세틸화와 약한 산화mild oxidation에 대한 저항성을 보였다(그림 9-1B).

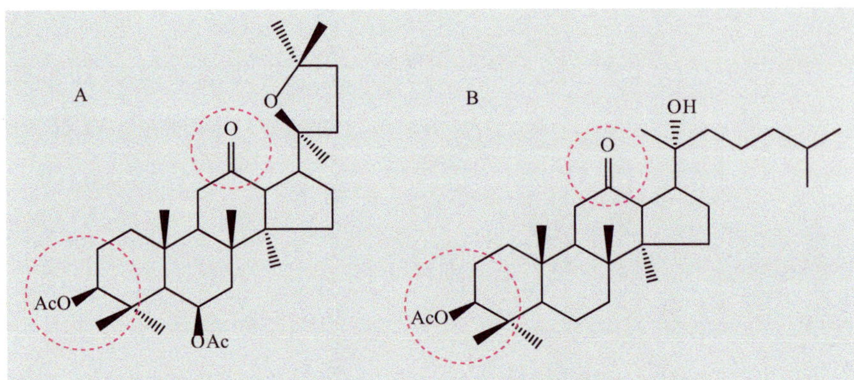

그림 9-2. 파낙사트리올에서 유래한 C3-O-아세틸-C12-케톤 화합물(A)과 dihydroprotopanaxadiol(B)에서 유래한 C3-O-아세틸-C12-케톤 화합물 사이의 유사성 검증(red circles).

3) O.R.D. 분석에서 9-1C의 곡선은 디히드로프로토파낙사다이올과 파낙사놀론 아세테이트(그림 9-2B)에서 유래한 C3-O-아세틸-12-케톤 화합물(그림 9-2A)의 효과에 거의 중첩될 수 있는 음의 코튼효과를 나타내었다(그림 9-2).

4) 그러나, 시바타 교수 그룹은 파낙사트리올이 파낙사다이올과 다른 성질은 파낙사다이올의 동족체(homologue, 유사화합물)이지만, 파낙사다이올보다 –OH group을 하나 더 가지고 있다고 제안하였다. 그들은 추가로 존재하는 하이드록실의 위치와 구성은 다음과 같이 증명되었다.

파낙사다이올에 존재하지 않는 파낙사트리올의 3번째 –OH group 위치 검증

시바타 교수 그룹은 파낙사다이올에 없는 파낙사트리올의 3번째 –OH group 위치를 결정하는 방법으로, –OH group이 존재할 가능성이 없는 골격 구조 부위부터 하나씩 제거하는 방법을 적용하였다.

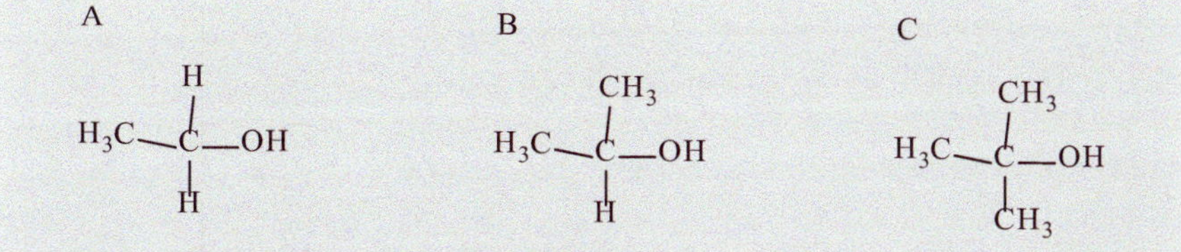

그림 9-3. Primary(A), secondary(B)와 tertiary alcohol(C)의 화학구조.

1) 파낙사트리올과 그 유도체의 NMR 스펙트럼 분석은 1차 알코올 하이드록실primary hydroxyl group이 없음을 나타내었다(**그림 9-3**A).

2) 파낙사트리올 디아세테이트의 형성이 되는 것과 I.R. 스펙트럼은 **하이드록실이 2차**secondary hydroxyl group이 존재하는 것으로 나타났다(**그림 9-1**A과 **그림 9-3**B). 이 하이드록실기가 6원 고리6 ring에 위치하므로 –OH group이 5 ring인 D에 관여하지 않음을 알 수 있다(**그림 9-1**D). 그 결과, 파낙사트리올의 3번째 –OH group이 고리 Dring D에 존재할 가능성은 제외되었다.

3) 강한 흡수를 나타내지 않는 파낙사트리올 디아세테이트(**그림 9-1**B)의 UV 스펙트럼은 최대 C1,2 또는 C1,3-디케톤 시스템이 없음을 시사한다. 따라서 하이드록실은 고리ring A에 위치하지 않는다. 그 결과, 파낙사트리올의 3번째 –OH group이 고리 Aring A에 존재할 가능성은 제외되었다.

4) 트리페닐테트라졸륨 클로라이드Triphenyltetrazolium chloride는 파낙사트리올 디아세테이트(**그림 9-1**B)와 반응을 보이지 않아 α-케톨 재배열 시스템이 없는 것으로 나타났다(제5장). 그래서, 파낙사트리올의 세 번째 –OH group은 고리 Cring C의 C11에 하이드록실이 위치할 가능성은 없다. 결과적으로, 파낙사트리올의 세 번째 –OH group은 고리 B의 C6 또는 C7에 존재할 것으로 생각할 수 있다.

5) 일반적인 조건에서 파낙사트리올 디아세테이트의 황-민론 환원 Huang-Minron reduction은 C3에서 C3의 케톤 하나를 제거하여 모노케톤 화합물($C_{30}H_{30}O_3$, m.p. 198-199°)(분자 내 수소 결합 OH)]을 제공한다(**그림 9-4**). [1713 cm^{-1}(6원환 six-membered ring C=O)는 T 7.40과 8.20(각각 1 H, J=12 c.p.s.)]에서 AB형 더블릿 신호를, nmr 스펙트럼($CDCl_3$)에서 7.91(18)에서 싱글릿 신호를 나타내었다. 이러한 양성자 신호는 모노케톤 화합물(**그림 9-4**)이 중수소화(CH_3OD-D_2O)에서 $NaOCH_3$ 사용)되었을 때, 사라져 세 개의 반응성 수소 원자가 카르보닐의 α,α'-위치에 존재하여 $—\overset{H_2}{C}—\overset{O}{\overset{\|}{C}}—CH_2—$ 시스템을 형성한다는 것을 나타낸다. 이러한 시스템은 고리 B의 C6 위치로만 표현할 수 있다.

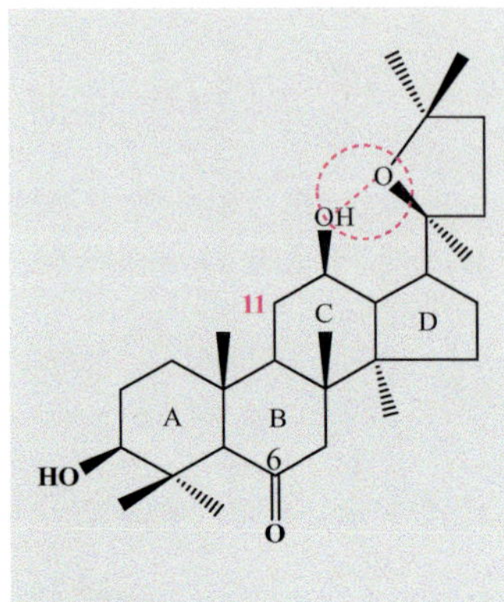

그림 9-4. 파낙사트리올의 C6 mono ketone 화합물.

6) 4)번 –OH group이 C6 위치에 있을 가능성이 높은 것에 대한 또 다른 증거는 제오리논zeorinone의 C6 위치에 있는 카르보닐이 제오린zeorin의 –OH group과 제오리니논zeorininone도 케톤 시약에 대한 저항성을 나타내지 못하는 것에 뒷받침되었다(제3장). O.R.D. 분석에서 이러한 화합물의 곡선은 모노케톤 화합물(**그림 9-4**)에서 주어진 것과 유사한 너거티브(–) 코튼 효과를 나타내었다. **그림 9-4**와 **그림 9-5**B와 C의 화학 구조를 함께 배열한다.

파낙사트리올의 C6의 –OH group의 입체 화학 구조

파낙사트리올의 C6의 –OH group은 **그림 9-5**의 제오리논의 6α(적도) –OH group 처럼 쉽게 아세틸화되는 된다(그림 9-1B). 그러나, 에피-제오리논의 6β(축, axial) –OH group은 아세틸화에 대한 저항성을 보였주었다. 그래서, 파낙사트리올의 C6의 –OH group의 입체 배위 구조는 α(적도, equatorial)인 것으로 확인되었다(그림 9-5D). 위의 증거는, C6에 –OH group을 가지고 있는 파낙사트리올의 입체구조(그림 9-1A)와 관계와 연결된다. 이는 진세노사이드 Rb 그룹에서 산 가수분해에 의하여 파낙사다이올이 만들어지듯이, 진세노사이드 Rg1의 산 가수분해 중에 2차 산물이 인공적으로 만들어진다는 것을 의미한다. 진세노사이드 Rg1의 진정한 사포게닌은 프로토파낙사트리올(그림

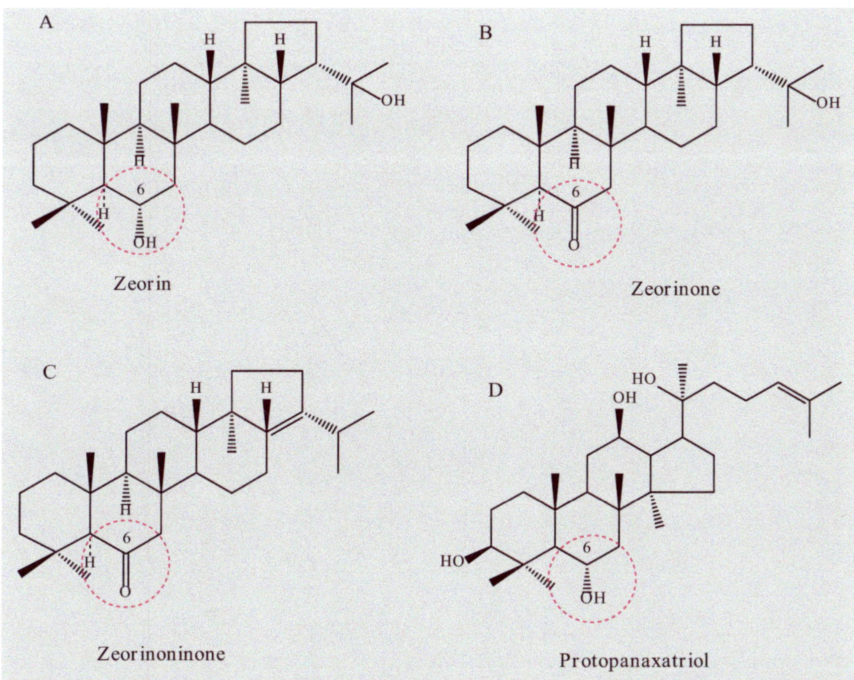

그림 9-5. 진세노사이드 Rg1의 산 가수분해 산물인 panaxatriol과 protopanaxatriol은 panaxadiol이나 protopanaxadiol보다 C6에 -OH group를 하나 더 가지고 있다. 그 위치에 대한 증거 설명은 text에 기술되어 있다. C6에 있는 -OH group의 입체 구조는 Zeorin 유도체들의 특징들을 근거로 C6 α-form(red circles)인 것으로 나타났다.

9-5D)로 표현할 수 있다.

보완 설명

진세노사이드 Rg1으로부터 산 가수분해를 통하여 panaxatriol ($C_{30}H_{52}O_4$, MW=476)를 얻었다. Acetic anhydride과 pyridine이 존재하는 상태에서 아세틸레이션을 시키면, panaxatriol diacetate ($C_{34}H_{56}O_6$)을 얻었다. Panaxatriol diacetate를 Jones' reagent로 산화시키면 monoketonic compound($C_{34}H_{54}O_6$)가 만들어진다(그림 9-1 C). Pyridine이 존재하는 상태에서 chromium trioxide로 panaxatriol를 약하게mild 산화시키면 diketonic compound가 만들어진다. Panaxatriol의 mass-spectrum 분석은 panaxadiol에서와 같이 2,2,6-trimethyl-tetrahydropyrane ring이 존재하는 것으로 나타났다. 그 외 여러 분석을 통하여 panaxatriol은 panaxadiol의 동족체homologue인 것으로 나타났다. 다만, panaxadiol에 비하여 하나 더 있는 –OH group의 위치position과 배위configuration에 대하여 시바타 교수 그룹은 아래와 같은 방법에 의하여 증명하였다.

Panaxatriol과 그 유도체들을 nmr spectra 분석을 실시하면, 2nd alcohol hydroxyl 그룹이 존재하고, 또, IR spectrum을 분석을 통하여 panaxadiol에 없고 panaxatriol에만 존재하는 hydroxyl group은 골격 구조의 six-membered ring에 존재하는 것으로 예상되었다. 그래서, 1) 파낙사트리올에 추가로 존재하는 –OH group은 골격의 five-membered D ring에는 존재하지 않는다고 결론 내릴 수 있다. 또, 2) 파낙사트리올 디아세테이트의 UV spectrum에서 강한 흡수를 보여주지 않아 C1,2- 혹은 C1,3-diketonic system이 없는 것으로 나타났다. 그래서 –OH group은 ring A에 존재하지 않는 것으로 나타났다. 3) 파낙사트리올 디아세테이트에 triphenyltetrazolium chloride을 처리하여도, α-ketol system이 존재하지 않아 ring C의 C11에 위치하지 않은 것으로 생각될 수 있다. 4) 결론적으로, panaxatriol의 –OH group의 존재 위치는 ring C의 C6 혹은 C7으로 제한된다.

5) 일반적인 조건에서 The Huang-Minlon 환원reduction은 C3에 위치하는 하나의 ketone을 제거하여 monoketonic compound을 생성한다(그림 9-4). 이에 대한 또 다른 증거로 zeorinone과 zeorininone의 C6에 위치하고 있는 carbonyl group(그림 9-5B와 C)은 ketonic reagents와 Wolff-Kishner reduction 환원에 저항을 보일 정도로 강하게 방해hindered받고 있다.

6) Panaxatriol의 절대 배위absolute configuration는 zeorin의 C6의 α (equatorial)-hydroxyl group이다. 그 이유는 zeorin의 6α(equatorial)-hydroxyl group은 쉽게 아세틸레이션화 되기 때문이다. 파낙사트리올 역시 zeorin처럼 쉽게 아세틸레이션 된다. 반면에, epi-zeorin의 C6β(axial)-hydroxyl group은 아세틸렌이션이 저항성을 보이기 때문이다. 이러한 연구 결과는, panaxatriol은 ginsenoside Rg1의 산 가수분해에 의하여 2차적으로 생성되고, ginsenoside Rb로부터 생성된 sapogenin은 panaxadiol과 같은 동족체이다.

제 10 장

인삼의 중성 사포닌의 부분적 가수분해 산물인 프로사포게닌의 당 결합 위치와 결합 한 당 성분 분석

·············

인삼에서 TLC를 통하여 분리한 진세노사이드 Rb1, Rb2, 및 Rc 혼합물을 아세트산으로 부분적 가수분해를 실시하여 C3에 당(carbohydrate) 결합 위치 확인

시바타 교수 그룹은 인삼 사포닌 골격을 구성하는 프로토파낙사다이올과 프로토파낙사트리올의 화학 구조를 4~5년에 걸쳐서 모두 규명하였다(제4장~제9장). 다음 단계로, 그들은 프로토파낙사다이올에 결합된 당carbohydrate의 위치와 당 종류를 밝히는 과정으로 들어갔다. 먼저, 1930년도에 코타케에 의하여 개발된 인삼 사포닌 당이 일부 떨어져서 생긴 프로사포게닌 제조 방법 개선하였다. 즉, 코타케는 인삼에서 분리된 사포닌에 50% 포화 메탄올에 함유된 0.5% 황산으로 끓여서 생긴 프로사포게닌을 제조하여 α-파낙신이라 불렀다(제5장). 그러나, 코타케가 사용한 방법은 일정한 물리적 특성을 가진 순수한 프로사포게닌을 얻는데 적합하지 않은 것으로 나타났다(제5장).

시바타 교수 그룹은 코타케의 방법을 아래와 같은 방법으로 수정하여 이전에 사용했던 방법을 개선하였다. 즉, TLC를 실시하여, 한 덩어리로 같이 뭉쳐서 분리되는 진세노사이드 Rb 그룹의 중성 사포닌들의 혼합물mixture을 먼저 준비하였다(제8장). 필요할 경우, 중성 인삼 사포닌 혼합물에서 개별 진세노사이드-Rb1, -Rb2, -Rc도 분리하였다(**그림 8-2**). 일단 3가지 진세노사이드 혼합물을 70°C에서 50% 수용성 아세트산50% aqueous acetic acid으로 처리하여 프로사포게닌($C_{42}H_{72}O_{13}$, m.p. 260~262°)(**그림 10-1**)과 옥타-아세트산octa-acetate 유도체($C_{58}H_{88}O_{21}$ m.p. 175~177.0°)을 만들었다(**그림 10-2**).

이 프로사포게닌에 희석된 높은 농도conc.의 무기산mineral acid을 가하여 환류하면, 추가 가수분해가 일어나 D-포도당과 파낙사다이올을 생성되는 것을 확인하였다(**그림 10-1**). 그래서, 아세트산 처리에 의하여 만들어지는 물질이 prosapogenin임을 확인하였다. 즉, 시바타 교수 그룹은 강산인 황산 대신 50% 아세트산을 이용하여 인삼 중성 사포닌에서 프로사포게닌을 제조한 셈이다(**그림 10-1**).

옥타 아세트산(**그림 10-2**)의 크롬산으로 산화 후 알칼리성 비누화와 산 가수분해를 거치면, 프로사포게닌의 당은 모두 떨어지고 락톤 화합물($C_{27}H_{44}O_4$, m.p. 262~263°)이 생성되는 것을 확인하였다. IR 분석 결과 1772 cm^{-1}(5번째 ring에 락톤 형성) 및 3550 cm^{-1}(몰 내 수소결합 –OH group밴드가 농도 독립적 존재하였다. 이에 대한 락톤 화합물의 화학구조는 담마란디올dammaranediol과 베툴라폴리엔트리올betulafolienetriol에서 락톤lactones이 형성되는 것으로 유추하여 결정하였다(**그림 10-2**).

또, 프로사포게닌 혼합물로 구성되어 있고, 코타케가 명명한 α-파낙신의 아세테이트 화합물은 촉매를 통한 수소화와 알칼리성 비누화 및 산 가수분해 후 만들어진 디히드로프로토파낙사다이올

Ginsenoside Rb1, Rb2, and Rc

Aqeous AcOH

H^+

+ Glucose

그림 10-1. Acetic acid를 이용하여 인삼 중성 사포닌(진세노사이드 Rb1, Rb2, Rc)에서 프로사포게닌 제조(20R-prosapogenin과 20S-prosapogenin)와 추가 산 가수분해를 실시하면 파낙사다이올과 글루코스가 만들어진다.

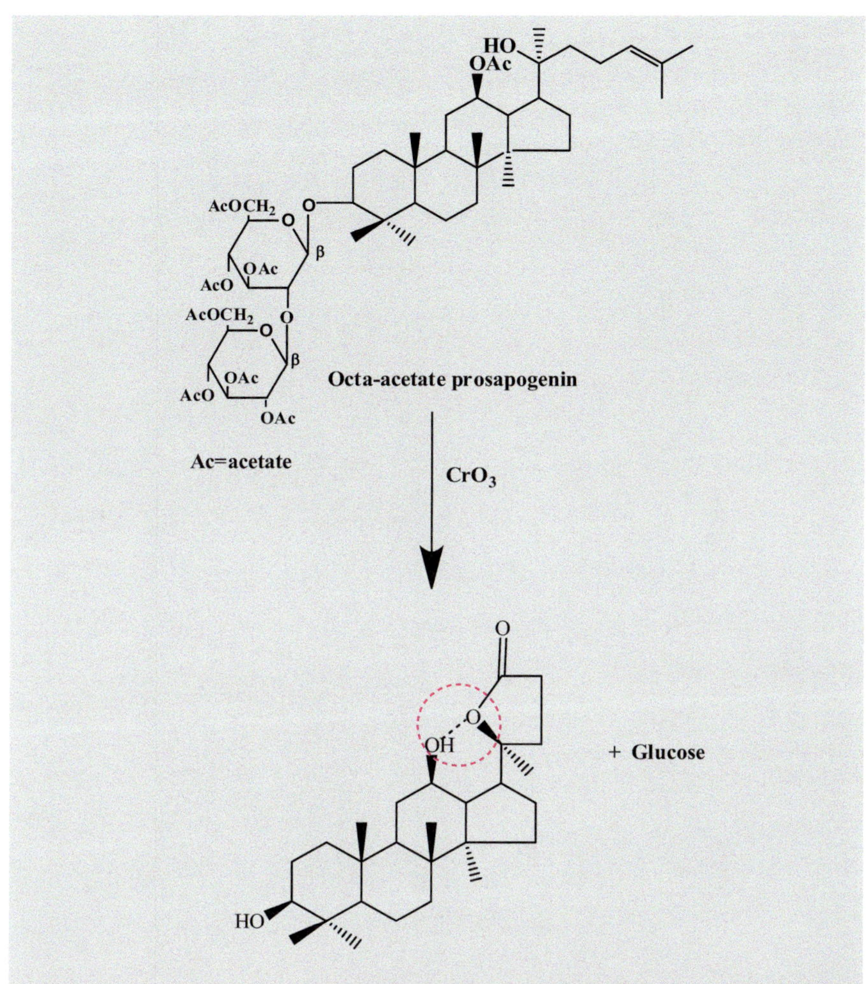

그림 10-2. 인삼 중성 사포닌의 옥타 아세트산 유도체에 무수 크롬산을 처리하여 산화시켜서 락톤(lactone) 화합물이 생성된다.

dihydroprotopanaxadiol을 만들었다(제6장). 이 결과는, 인삼 사포닌에서 프로사포게닌이 형성되는 과정에서 사포게닌 부분에 구조적 변화가 일어나지 않고 이 프로사포게닌의 진짜 사포게닌genuine sapogenin은 프로토파낙사다이올이다는 것을 다시 한 번 검증하였다. 즉, 시바타 교수 그룹은 파낙사다이올과 달리 측쇄 골격 구조 변화 없이 당이 일부 붙어 있을 수 있음을 보여주었다. 붙어 있는 당을 추가로 제거하면, 프로토파낙사다이올이 된다. 즉, 인삼 사포닌 → 일부 당이 붙은 프로사포게닌 → 골격 구조 변화 없이 당을 모두 제거하면 프로토파낙사다이올(그림 10-3A) → 수소 촉매 반응을 통하여 측쇄의 이중 결합이 제거된 디히드로프로토파낙사다이올(그림 10-3B)의 제조가 가능하다는 것을 보여주었다(그림 10-3).

Diol-type 계통의 사포닌에서 유래된 프로사포게닌의 C3 위치에 당이 결합된 것을 확인하는 방법

1) 시바타 교수 그룹은 하코모리의 방법Hakomori's methods에 따라 수소화소디움 하이드록사이드sodium hydride-디메틸설폭사이드dimethylsulfoxide, DMSO-클로르포름chlorform 시스템system을 활용하여 디히드로프로토파낙사다이올dihydroprotopanaxadiol(그림 10-3B)의 메틸레에션(methylation=메틸화)를 실시하였다. 그 결과, C3,12-디메틸 에테르 디히드로프로토파낙사다이올을 얻었다(그림 10-4A). IR 분석 결과 3380 cm^{-1}(분자간 수소 결합 –OH 밴드, 농도에 독립적)가 존재하는 것으로 나타났다. 이 결과는, C3,12-디메틸 에테르 디히드로프로토파낙사다이올의 아세틸화acetylation 및 산화oxidation에 대한 저항성을 가지고 있는 C20 위치의 3차tertiary 하이드록실이 메틸화되지 않은 상태로

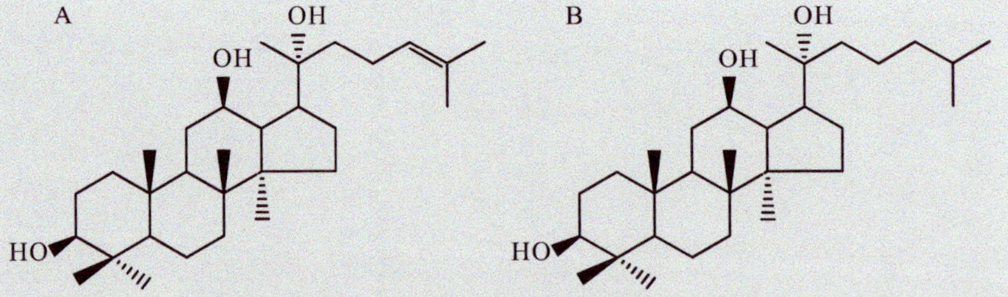

그림 10-3. 인삼 중성 사포닌의 아세트산 가수분해에 의한 프로사포게닌 생성과 추가 산 가수분해에 의하여 만들어지는 20(R)-protopanaxadiol(A)과 추가 수소화에 의하여 만들어지는 20(R)-dihydroprotopanaxadiol(B)의 화학구조.

있음을 나타낸 것이다.

2) 디메틸포름아미드dimethylformamide가 존재하는 상태에서 디히드로프로토파낙사다이올(**그림 10-3**B)을 요오드화 메틸methyl iodide과 산화은silver oxide을 이용하여 메틸화를 실시하면, 주로 프로토파낙사다이올 C12-모노메틸 에테르가 만들어진다(**그림 10-4**B). 그리고, 미량의 불순한impure C3, 12-디메틸 에테르도 생성된다.

다시 이 물질을 크롬산으로 산화시키면, 모노메틸 에테르는 C3-케톤(**그림 10-4**C)(IR 분석 결과 3380. 1712 cm^{-1})을 생성한다. 이에 대

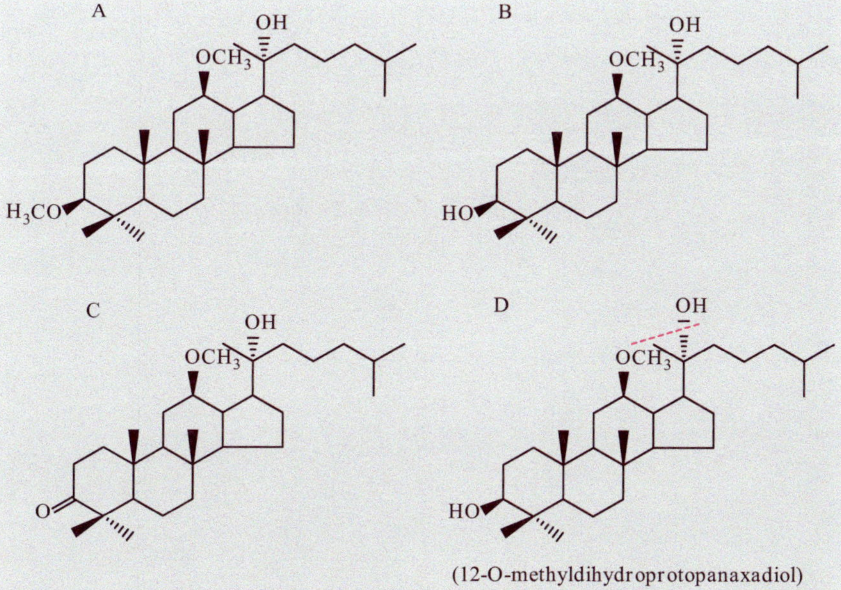

그림 10-4. 인삼 중성 사포닌에 결합된 당의 위치를 결정하기 위한 과정. 인삼 사포닌을 acetic acid로 부분 가수분해하여 생성된 prosapogenin을 다시 산 가수분해하여 얻은 프로토파낙사다이올을 수소화하여 다시 dihydroprotopanaxadiol을 제조하고, -OH groups의 methylation과 keto 화합물 생성(A, B와 C) 및 수소 결합 위치를 결정(D)하여 최종적으로 인삼 중성 사포닌의 프로사포게닌에 결합된 당의 위치는 C3의 -OH group이다는 라는 것을 증명하였다.

한 증거로, 카르보닐기는 광학 회전 분산 곡선에서 양의 코튼 효과를 보였으므로 케톤기는 C3 위치에 있는 것으로 예상된다(그림 10-4C)(제11장).

3) 그 이유는 담마란 시리즈 계열에서 C12-케토 유도체는 음의 코튼 효과를 보이고, C3-케토 유도체는 양의 코튼 효과positive cotton effect를 보였다는 것이 이미 증명되었다(그림 10-5). 따라서, 프로토파낙사다이올 모노메틸 에테르(그림 10-4D)는 C12-O-메틸디히드로프로토파낙사다이올12-O-methyldihydroprotopanaxadiol로 공식화될 수 있다.

4) 그 결과, 시바타 교수 그룹은 진세노사이드 Rb 그룹에서 50% 아세트산 가수분해 결과 유래한 프로사포게닌을 이용하여 프로사포게닌의 당이 결합된 위치를 증명하였다. 즉, 프로사포게닌(그림 10-1)은 하코모리의 방법으로 메틸화되어 메틸에테르를 만들었다. 이는 사염화탄소carbon tetrachloride가 존재하는 상태의 IR 스펙트럼에서 디메틸 에테르(그림 10-4A)가 제공한 위치와 거의 같은 위치에 분자 내 수소 결합이 형성된 –OH group 밴드를 여전히 나타내어 시스템의 존재를 의미한다(그림 10-4D).

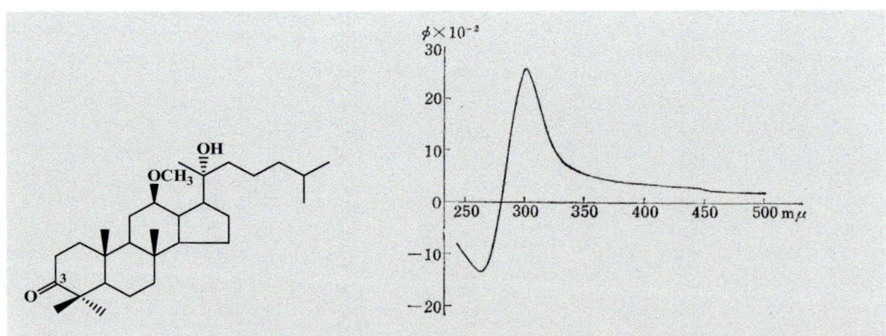

그림 10-5. IR 분석 결과 C3-케톤체는 ORD curve 분석에서 양의 코튼 효과를 보이므로 케톤기는 C3 위치에 있는 것으로 예상된다. 더 자세한 내용은 text 참조. Chem. Pharm. Bull., 14, 1157 (1966)

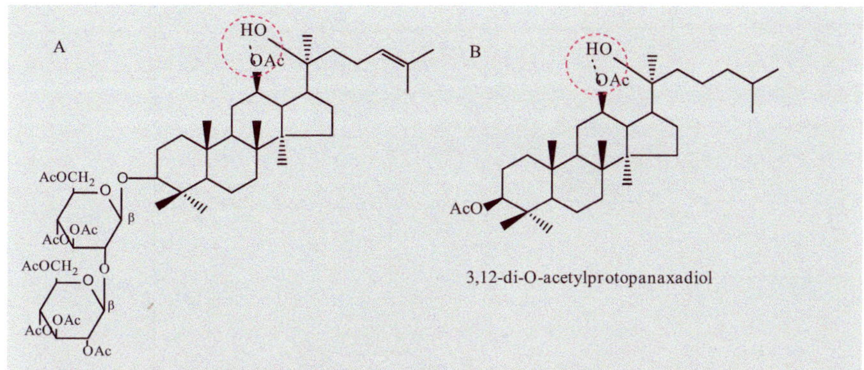

그림 10-6. 인삼 중성 사포닌의 당 위치를 결정하는 또 다른 방법으로 프로사포게닌과 dihydroprotopanaxadiol의 acetylation 방법을 활용하였다. 이 방법을 통하여 C12와 C20의 -OH group은 free한 상태이고, 수소 결합(red circle)이 존재하는 위치라고 당이 결합한 위치는 C3인 것으로 확정되었다.

5) 이 프로사포게닌 메틸 에테르에 촉매 수소화와 실온에서 진한 염산으로 가수분해하여 생긴 디히드로프로토파낙사다이올을 이용하여 C12-모노메틸 에테르(**그림 10-4**B)를 생성했다.

또, 다른 방법으로 프로사포게닌의 옥타-아세트산의 IR 스펙트럼은 3,12-디-O-아세틸프로토파낙사다이올3,12-di-O-acetylprotopanaxadiol의 IR 스펙트럼에서 관찰된 것과 동일한 위치에 분자 내 수소 결합된 -OH group 밴드를 나타내었다(**그림 10-6**A와 B). 이러한 증거들은 프로사포게닌의 C12 및 C20의 하이드록실기가 자유free한 상태이고, 중성 사포닌(Rb1, Rb2 및 Rc)의 당carbohydrate 부분은 프로사포게닌 분자 내 프로토파낙사다이올의 C3에 –OH group과 결합되어 있다고 결론을 내릴 수 있다.

진세노사이드 Rb 그룹의 C3에 결합된 당 분석

시바타 교수 그룹은 다음 단계로, 수소화된 프로사포게닌의 메

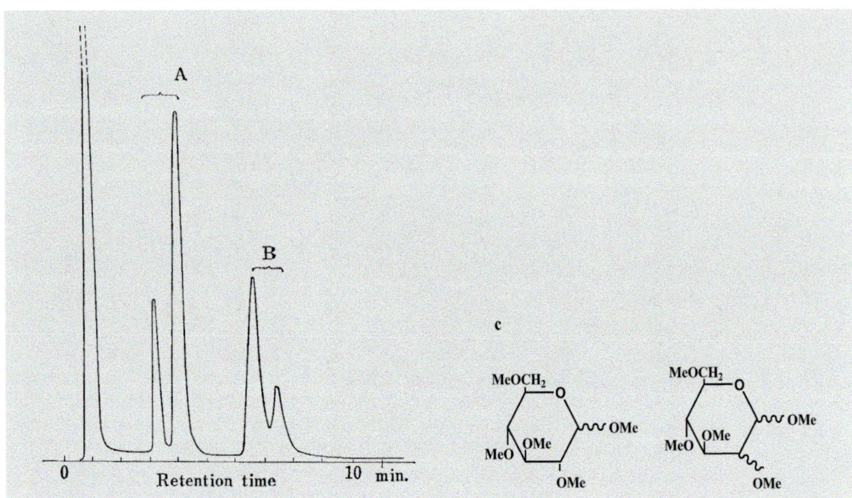

그림 10-7. 수소화된 인삼 중성 사포게닌의 methylated ester에 이어서 methanolysis에 의하여 생성된 당 성분에 대한 gas chromatography 분석 결과. A: α- and β-methyl 2,3,4,6-tetra-O-methylglucosides. B; α- and β-methyl 3,4,6-tetra-O-methylglucosides. C: Chemical structure of methylated 2,3,4,6-tetra-O-methylglucosides(A)와 3,4,6-tetra-O-methylglucosides(B). Chem. Pharm. Bull., 14, 1157 (1966).

틸 에테르를 메탄올 분해에 적용하였다. 그 결과 만들어진 생성물의 당 부분을 가스-액체 크로마토그래피를 이용하여 분석하였다(그림 10-7A). 그 결과 같은 몰로equimolecular α- 및 β-methyl 2,3,4,6-tetra-O-methyl-glucopyranoside과 α- 및 β-methyl 3,4,6-tri-O-methyl-glucopyranoside가 형성되는 것을 확인하였다(그림 10-7C). 프로사포게닌의 두 글루코실 결합의 β-linkage을 나타낸다. 이러한 발견을 바탕으로 이제 진세노사이드 Rb 그룹의 중성 사포닌인 진세노사이드 Rb1, Rb2, 및 Rc의 부분적 가수분해로 생성된 프로사포게닌이 3-O-(2-β-D-glucopyranosyl-β-D-glucopyranosyl) propanaxadiol로 표현된다는 결론을 내릴 수 있다(제14장).

제 11 장

진세노사이드 Rg1의 완전한 화학 구조 규명

·············

흥미로운 사실은 시바타 교수 그룹에서 인삼 사포닌 화학 구조 규명 연구를 시작하고, 그와 관련한 논문들을 처음 발표한 연도는 1962년이다. 이들이 처음 인삼 사포닌의 완전한 화학구조를 밝혀내기 위하여 분리한 처음 물질이 diol-type 사포닌에서 유래한 파낙사다이올 panaxadiol이었다(제4장). 후속 연구를 통하여 파낙사다이올은 인삼 사포닌 산 가수분해 산물로 만들어진 인공 물질인 것으로 밝혀졌다(제5장). 그 뒤, 인삼 사포닌의 진짜 사포게닌을 밝히는 과정에서 측쇄의 입체 구조가 C20(R)-form과 그것의 에피머인 C20(S)-form(=20R-에피-프로토파낙사다이올)이 만들어지는 것도 확인하였다(제5장). 그래서, 최종적으로 diol-type의 사포닌의 진짜 사포게닌은 C20(S)-프로토파낙사다이올인 것을 확인하였다(제5~7장). 그러나, 인삼 사포닌의 완전한 화학구조를 처음으로 밝힌 것은 프로토파낙사다이올에 결합한 당들을 포함하는 완전한 사포닌 구조를 밝혀낸 것이 아니었다. 파낙사다이올을 분리하고 입체 화학구조를 밝혀낸 뒤, 몇 년 뒤인 1968년에 프로토파낙사트리올에 결합된 당의 위치 및 구조를 먼저 밝혀내었다. 즉, 시작은 diol-type의 진세노사이드에서 시작하였지만,

정작 세계에서 처음으로 인삼 사포닌의 완전한 화학구조를 완전하게 밝힌 인삼 사포닌은 triol-type 계통의 하나인 진세노사이드 Rg1이었다. 제16장에서 나오겠지만, 시바타 교수 그룹에서 왜 진세노사이드 Rg1의 화학구조를 먼저 밝힐 수 밖에 없는 이유가 나온다.

본 장의 아래 내용은, 시바타 교수 그룹이 1968년과 이어서 1971년 발표한 진세노사이드 Rg1의 완전한 화학구조를 밝히는 과정을 알아보자(그림 11-1A). 인삼에서 사포닌을 추출한 후, TLC 분석 방법을 통하여 분리한 진세노사이드 Rg1은 무색 분말($C_{42}H_{72}O_{14}$, m.p. 194-196.5°)이다. 먼저, 시바타 교수 그룹은 분리된 진세노사이드 Rg1의 데카-아세테이트deca-O-acetyl-ginsenoside-Rg1를 만든 다음 다시 분리하였다(그림 11-1B). 진세노사이드 Rg1의 데카-아세테이트deca-acetate는 무색 결정 [$C_{42}H_{72}O_{14}/C_2H_2O)_{10}$, m.p. 242-243°, 분자량: 계산값. 1221.4], IR 분석에서 free –OH group 밴드는 없는 것으로 나타났다(그림 11-1B).

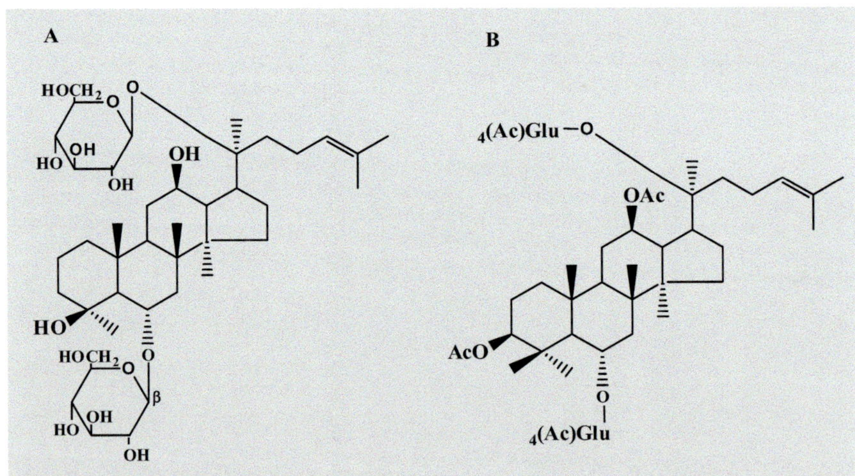

그림 11-1. 진세노사이드 Rg1의 구조(A)와 진세노사이드 Rg1의 acetylation을 통한 deca-acetylated ginsenoside Rg1 구조(B). 진세노사이드 Rg1을 아세틸레이션시킬 경우 C20을 포함한 모든 -OH groups이 아세틸레이션되는 것으로 나타나, C20의 -OH group에 당이 결합될 가능성을 보여주었다.

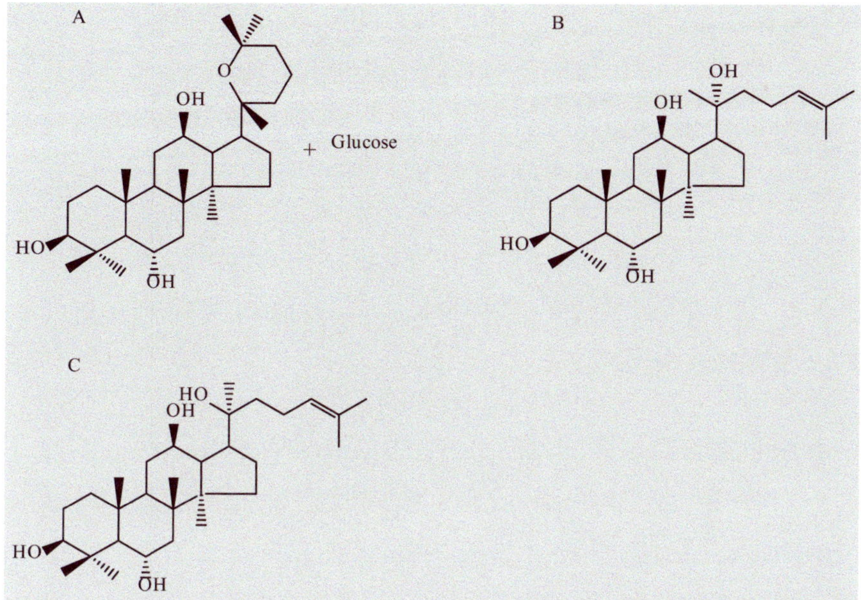

그림 11-2. 데카-아세틸레이션된 진세노사이드 Rg1의 무기 강산 가수분해하면, 파낙사트리올과 당이 생성된다(A). 약산으로 산 가수분해하면 20(R)-프로토파낙사트리올(B)가 만들어진다. 더 희석된 약산을 사용하면 20(S)-프로토파낙사트리올이 만들어진다(C). 이 과정은 제9장에서도 나온다.

진세노사이드 Rg1의 데카-아세테이트deca-acetate를 수용성 에탄올로 희석한(묽은) 무기산으로 가수분해하면 진세노사이드 Rg1은 D-포도당과 파낙사트리올을 생성하였다(그림 11-2A). 파낙사트리올의 화학구조는 이미 제9장에서 기술한 바와같이, 6α-hydroxy-20(R)-panaxadiol인 것으로 증명되었다(그림 11-2A). 진세노사이드 Rg1이 산 가수분해되면, panaxatriol도 panaxadiol처럼 C20(R)-epimer가 만들어진다(그림 11-2B). 희석된 무기산으로 가수분해하면, Rg 시리즈 혼합물mixture와 [즉, 진세노사이드-Rgl, Rg2, 및 Rg3(Rg3는 triol-type의 진세노사이드아니지만, TLC상에서 Rg 그룹과 함께 분리되어 시바타 교수 그룹은 이렇게 표현함)]과 Rg1 모두 파낙사트리올을 생성하는데, 그 구조는 6α-히드록시-20R 파낙사다이올(=파낙사트리올)로 공식적으로 확립되었다. 그러나, 진세노사이드 Rb1, Rb2, 및 Rc에 관한 연구와 유추analogy할 때, 진세노사이드 Rg1을 더 희석한 무기산으로 가수분해하면, 진세노사이드 Rg1의 진짜 사포게닌은 20(S)-protopanaxatriol, 즉, 6 α-hydroxy-20S-protopanaxadiol이다(그림 11-2C).

다음 단계로, 진세노사이드 Rg1을 CH_3I와 DMSO-NaH 시약으로 반복적으로 메틸화하면 비정질 형태amorphous form의 데카-메틸 에테르가 생성되도록 하였다(그림 11-3A).

시바타 교수 그룹은 진세노사이드 Rg1의 데카메틸 에테르를 메탄올을 함유하는 농도가 높은(conc.) HCl로 메탄올 분해methanolysis시켰다(제16장). 생성물의 당 부분의 가스 액체 크로마토그래피 분석 결과, 메틸 2,3,4,6-테트라-O-메틸글루코피라노사이드methyl 2,3,4,6-tetra-O-methylglucopyranoside는 존재하였지만(그림 11-3B), 메틸 트리(tri)- 또는 디(di)-0-메틸글루코피라노사이드methyl tri-O-methylglucopyranoside 혹은 di-O-methylglucopyranoside 존재하지 않았다. 이 의미는 두 개의 당이 연속해

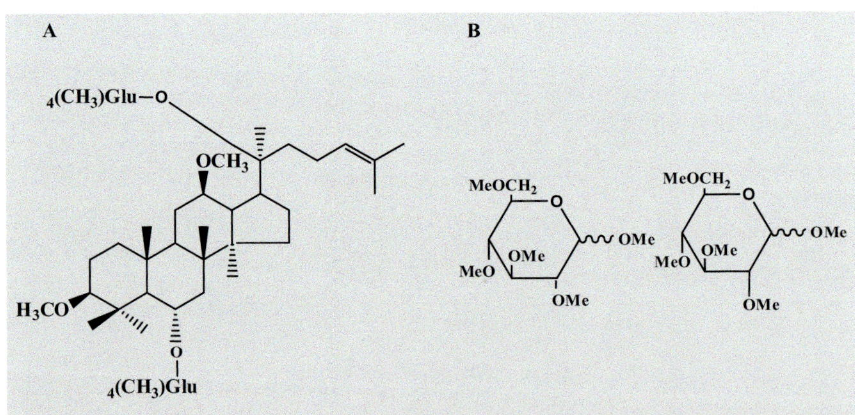

그림 11-3. 진세노사이드 Rg1의 methylation(A)과 methanolysis에 의한 생성된 2분자의 methylated glucoses(B)가 분리되었다. Methylated glucoses 분석 결과, C2, C3, C4 및 C6 위치에 methylations된 것으로 나타났다.

서 서로 연결되어 있지 않고, 각각 서로 떨어져 있고 다른 위치에 결합되어 있다는 것을 의미한다. 즉, 진세노사이드 Rg1의 골격 부위에 당이 두 개가 서로 계속해서 연결된 이당류disaccharide로 존재하지 않는다는 의미다. 따라서, 시바타 교수 그룹은 진세노사이드 Rg1은 프로토파낙사트리올의 β-디글루코사이드이고, 각각의 β-글루코실 부분은 20S-프로토파낙사트리올(**그림 11-2**C)의 4개 –OH group들 중 2개와 따로따로 결합되어 있을 것으로 예상하고, 당이 결합된 위치를 아래와 같이 증명하였다.

진세노사이드 Rg1의 골격 부위에 결합된 당 위치 확인 연구

1) 시바타 교수 그룹은 산 촉매 수소화에 의하여 진세노사이드 Rg1에서 디히드로진세노사이드-Rg1을 만들었다. 디히드로진세노사이드-Rg1에 CH_3I 및 DMSO-NaH 반응물로 반복적으로 메틸화methylation하여 데카메틸 에테르decamethyl ether를 생성하였다(**그림 11-4**B).

또, 디히드로진세노사이드-Rg1dihydroginsenoside Rg1을 데카-아세테이트deca-acetate가 되게 하였다(**그림 11-4**A). 이런 종류의 화합물들을 만든 이유는 측쇄side chain 부분에 존재하는 이중 결합이 산 촉매에 의하여 고리ring이 형성되어 닫히지 않도록 하기 위하여 미리 이중 결합을 제거하기 위한 것이다.

아세틸레이션되거나 혹은 메틸레이션된 디히드로진세노사이드-Rg1을 IR 분석 결과, 남아 있는 –OH group밴드가 없는 것으로 나타났다. 즉, 이 화합물의 –OH group 모두 아세틸레이션이나 메틸레이션되어서 free –OH group이 남아 있지 않다는 것이다. 진세노사이드 Rg1의 아세틸레이션과 메틸레이션 결과, 진세노사이드 Rg1의 당

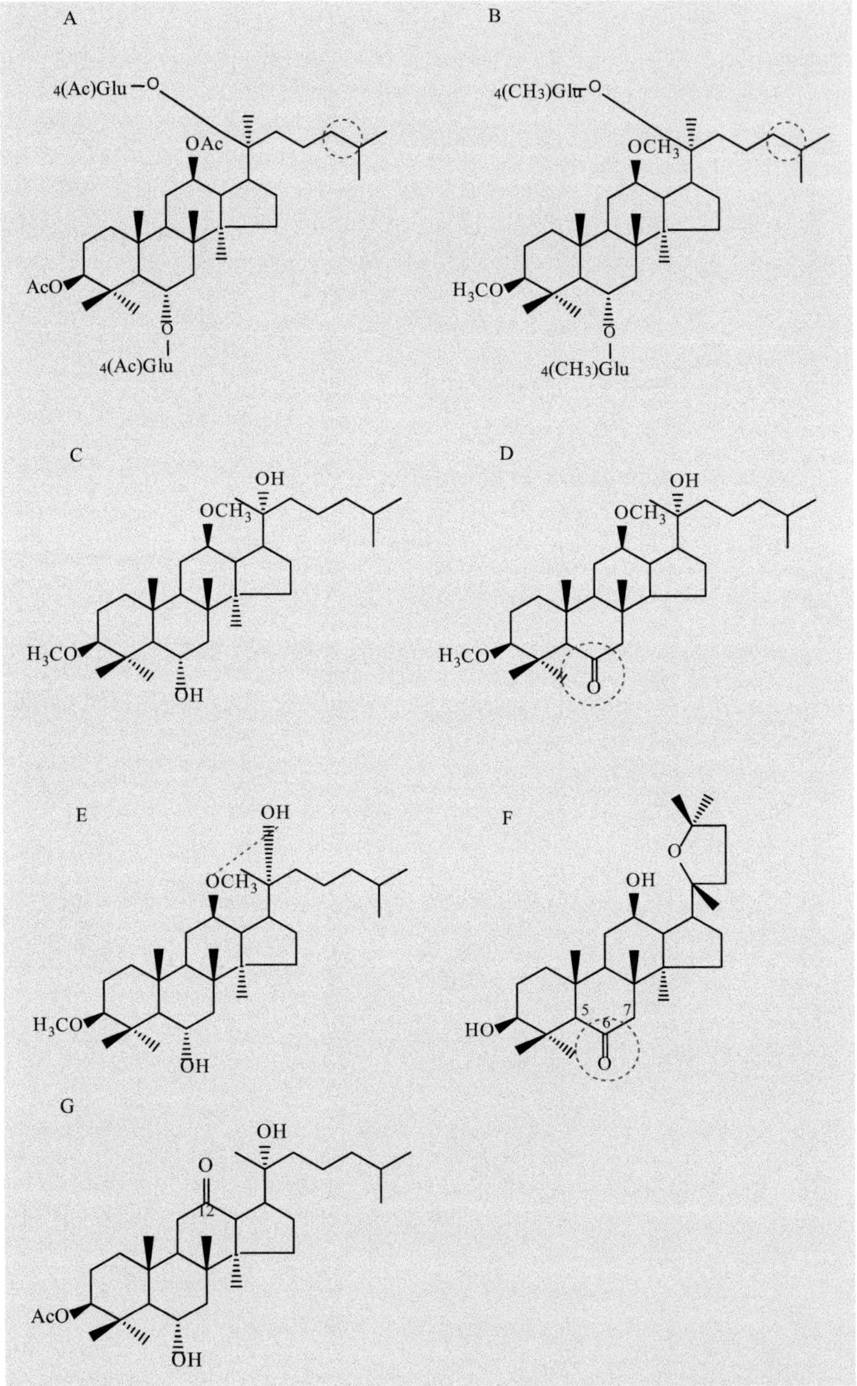

A

4(Ac)Glu−O
OAc
AcO
O
4(Ac)Glu

B

4(CH3)Glu−O
OCH_3
H_3CO
O
4(CH3)Glu

C

OH
OCH_3
H_3CO
OH

D

OH
OCH_3
H_3CO
O

E

OH
OCH_3
H_3CO
OH

F

O
OH
HO
5 6 7
O

G

OH
O
12
AcO
OH

그림 11-4. 진세노사이드 Rg1의 C6와 C20에 당이 결합된 것을 검증하기 위한 절차. 진세노사이드 Rg1을 수소화를 실시하여 dihydroginsenoside Rg1을 만든다(red circles). 그 뒤에 아세틸레이션 혹은 메틸레이션을 실시한 후, 모든 -OH group이 아세틸레이션 혹은 메틸레이션된 것을 확인하였다(A와 B). 메틸레이션된 진세노사이드 Rg1(B)을 산 가수분해하면(즉, methanolysis), C6와 C20은 -OH group으로 존재하지만, C3와 C12는 여전히 methyl group이 존재한다. 이 결과는 C6와 C20의 -OH group에 메틸화된 당이 결합되어 있을 가능성을 보여준다. 더 자세한 내용은 text 참조.

부분을 포함해서 10개의 free –OH group이 모두 아세틸레이션되든지 혹은 메틸레이션된다는 것이다.

2) 디히드로진세노사이드-Rg1에서 유래한 데카-메틸 에테르 유도체를 진한 HCl로 실온에서 가수분해한 후 생성된 사포게닌 분획을 크로마토그래피하고 분석하여 3,12-di-O-메틸-20ξ-프로토파낙사트리올을 얻었다[($C_{32}H_{58}O_4$, m.p. 180~182°, 최대 4 3620^{-1}(자유 OH group) 및 3380 cm^{-1}(농도 독립적, 결합된 OH group)](**그림 11-4**C).

3) 3,12-di-O-메틸-20ξ-프로토파낙사트리올의 메톡실기 두 개의 위치는 다음 증거에 의해 확립되었다(**그림 11-4**C). 3,12-di-O-메틸-20ξ-프로토파낙사트리올을 CrO_3로 산화하여 C6-케톤을 얻었다(**그림 11-4**D). 그 유도체의 IR 분석 흡수 밴드(CCl_4에서)는 3340(강하고 농도에 의존적이지 않으며, 분자 내 H-결합 OH)과 1713 cm^{-1}(C=O)에서 부분 구조는 파낙사다이올과 일치하여, 3460과 1695 cm^{-1} 근처에서 각각 H-bond, –OH group와 C=O 밴드를 나타낼 것으로 예상되는 C12 위치에 케톤(C=O)이 만들어질 가능성은 없는 것으로 나왔다.

4) CCl_4에서 C20-하이드록시-12β-메톡시 유도체의 IR 분석 스펙트럼은 분자 내 H-결합으로 인해 강한 –OH group 밴드를 보인다는 것이 이미 발견되었다(**그림 11-4**E, 붉은 점선). C6-케톤체(**그림 11-4**D,

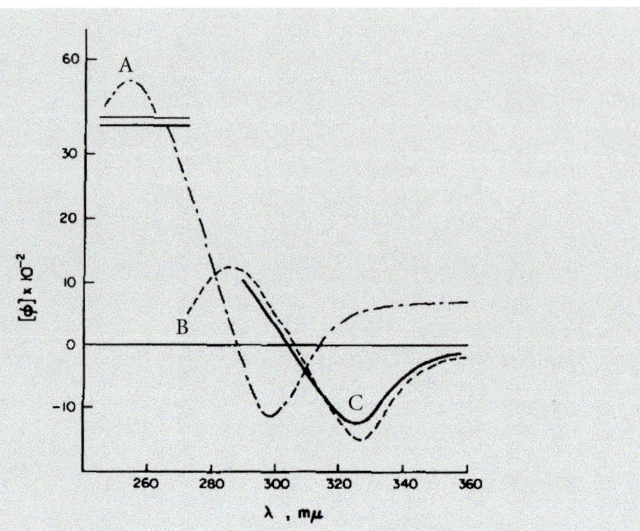

그림 11-5. Dihydroprotopanaxatriol에서 유래된 6-케토 유도체(B)(그림 11-4D)의 ORD 곡선은 파낙사트리올로부터 제조된 6-케토 유도체(C)(그림 11-4F)와 매우 유사한 음의 코튼 효과를 보였다. 그러나, 12-케토 유도체(A)(그림 11-4G) 및 다마란 유형 트리테르펜의 3-케토 유도체와는 확연히 달랐는데, 후자는 양의 코튼 효과를 보이는 것으로 보고되었다. Tetrahedron Letters, 27, 881 (1971).

red circle)의 ORD 곡선은 파낙사트리올로부터 제조된 6-케토 유도체(**그림 11-4**F, red circle)와 매우 유사한 **음의 코튼 효과**를 보였다(**그림 11-5**).

또, **그림 11-5**에서 보는 바와같이, 6-케토 유도체는 12-케토 유도체(**그림 11-4**G) 및 다마란-type 트리테르펜의 3-케토 유도체와는 분명히 달랐으며, 3-케토는 **양의 코튼 효과**를 보인다고 이미 알려져 있다(제10장).

5) 6-케토 유도체(**그림 11-4**F)의 활성 메틸렌(C7)과 메틴(C5) 프로톤으로 인한 신호는 중수소화 절차와 제오리논의 신호와 비교하여 확정되었다(**그림 11-6**).

6) 위의 모든 증거들에 근거하여, 시바타 교수 그룹은 진세노사이드 Rg1의 사포게닌 부분의 C3과 C12에 있는 –OH group은 자유로워야 하며, 결과적으로 두 개의 β 글루코실 부분이 C6과 C20에 있는 –OH group과 결합해야 한다는 결론을 내렸다. 따라서, 시바타 교수 그룹은 진세노사이드 Rg1의 완전한 화학구조는 6,20-디(di)-O-β-글루코실-20S-프로토파낙사트리올로 표현하였다(그림 11-1A). 이에 대한 추가 증거로, 진세노사이드 Rg1 데카-아세테이트(그림 11-1B)와 진세노사이드 Rg1 데카-메틸 에테르(그림 11-3A)의 IR 분석 스펙트럼에서 free –OH group 밴드가 없는 것도 C20에 O-글루코실 결합이 존재함을 뒷받침한다. 이런 유형의 C20 하이드록실기는 아세틸화와 메틸화에 저항하는 것으로 밝혀졌다(제4장). 그 이유는, free –OH group이 C20에 존재하는 경우, 아세틸화 또는 메틸화 후에도 진세노사이드 Rg1에서 free –OH group 밴드가 관찰되어야 하기 때문이다. 끝으로 중요한 것은, **진세노사이드-Rg1은 화학구조가 완전히 확립된 담마란 유형의 사포닌의 첫 번째 사례**라는 것이다

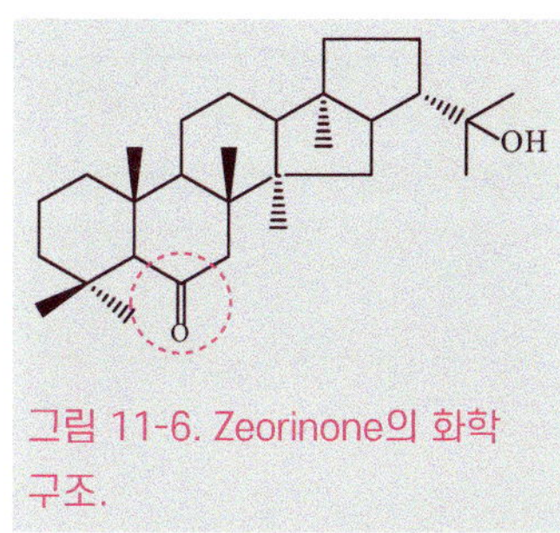

그림 11-6. Zeorinone의 화학구조.

제 12 장

인삼 사포닌 진세노사이드 Rb 그룹과 진세노사이드 Rg 그룹의 진짜 골격 화학 구조 및 입체 구조 동시 검증

파낙사다이올에 이어서 파낙사트리올 에피머 생성 및 순수 C20(S)-프로토파낙사트리올 제조 방법 확인

시바타 교수 그룹은 진세노사이드-Rb1, Rb2 및 Rc로부터 C20R- 및 C20S-프로토파낙사다이올을 제조하는 데 사용했던 같은 조건에서, 진세노사이드 Rg1 혼합물을 실온에서 진한(conc.) 염산HCl로 가수분해하여, 염소chloride를 포함하는 에피머 중간 화합물 chloride A와 chloride B로 구성된 화합물을 만들었다(그림 12-1A).

그 다음 단계로, DMSO에 있는 Potassium tert-butoxide(tBuOK)로 탈염소화하여 C20R-프로토파낙사다이올/C20S-프로토파낙사다이올 혹은 C20R-프로토파낙사트리올/C20S-프로토파낙사트리올을 만들었다(그림 12-1B). 진세노사이드 Rg1 혼합물이 아닌 순수한 진세노사이드 Rg1을 이용한 실험에서 동일한 결과를 얻었다.

산 가수분해가 아닌 약한mild 가수분해, 즉 스미스 분해(Smith's degradation: 진세노사이드에 결합된 당 제거 방법) 또는 과요오드산염

Ginseng saponins
(Ginsenoside Rb1, Rb2, Rc or Rg1)

1) IO_4^-
2) $NaBH_4$
3) H^+ (weak)

A

Chloride B

Diol: R = H
Triol: R = OH

Chloride A

Diol: R = H
Triol: R = OH

B

X

C

20(S)-dihydroprotopanaxatriol

20(R)-dihydroprotopanaxatriol

D

C3, C6, C12-tri-ketone derivative

그림 12-1. 진세노사이드 Rg1 그룹의 인삼 사포닌들도 진세노사이드 Rb 그룹과 같은 화학적 성질들(염소 화합물 형성, 프로토파낙사트리올 형성 및 ketone체 화합물 형성등)을 가지고 있다는 것을 보여주었다. 단지, 두 종류의 프로사포게닌 차이는 프로토파낙사다이올에 비하여 프로토파낙사트리올은 C6에 -OH group을 하나 더 가지고 있다는 것이다.

periodate으로 산화시킨 후 알칼리 처리하면 진세노사이드 Rg1 그룹은 무정형 분말인 화합물 직접 C20S-프로토파낙사트리올을 생성했다(그림 12-1B, 제7장). 이 제조 방법을 사용하면 C20S-protopanaxatriol만 만들어지고, C20R-protopanaxatriol은 나타나지 않았다. 같은 원리로 제10장에서 기술한 바와 같이, 이 방법을 진세노사이드 Rb 그룹에 적용하면, C20(S)-protopanaxadiol만 만들어지고, C20(R)-protopanaxadiol은 형성되지 않았다(그림 7-6).

파낙사트리올의 특징들

1) 프로토파낙사트리올를 아세틸화하면 4개의 –OH group 중 3개(C3, C6 및 C12)만 아세틸레이션되어 tri-아세트산이 되고, C20에 여전히 분자 내 수소 결합된 하나의 free –OH group의 IR 흡수가 나타난다. 촉매 수소화에서 프로토파낙사트리올은 C20(R)-디히드로프로토파낙사트리올과 C20(S)-디히드로프로토파낙사트리올를 생성하였다. 그에 대한 증거로 NMR 스펙트럼은 이중 결합 메틸 또는 올레핀 양성자의 특징적인 신호를 나타내지 않았다.

2) 인삼 중성 사포닌의 가수분해와 유사한 조건에서 프로토파낙사트리올을 희석된 무기산으로 처리하면 C20R-파낙사트리올panaxatriol과 C20S-파낙사트리올panaxatriol이 생성되었다(그림 12-2).

3) C20R-protopanaxatriol과 C20S-protopanaxatriol은 촉매 수소화에 적용하여, C20R- 및 C20S-디하이드프로토파낙사트리올을 만들었다. C20R- 및 C20S-디히드로프로토파낙사트리올을 트리케톤 유도체로 산화되었다(그림 12-1D). 그 ORD 곡선은 C20S- 및 C20R-디히드로프로토파낙사트리올(그림 12-1C)에서 유래된 C3, C6 및 C12의 트리케톤의 ORD 곡선과 거의 중첩되었다(그림 12-1D). 따라서, ORD

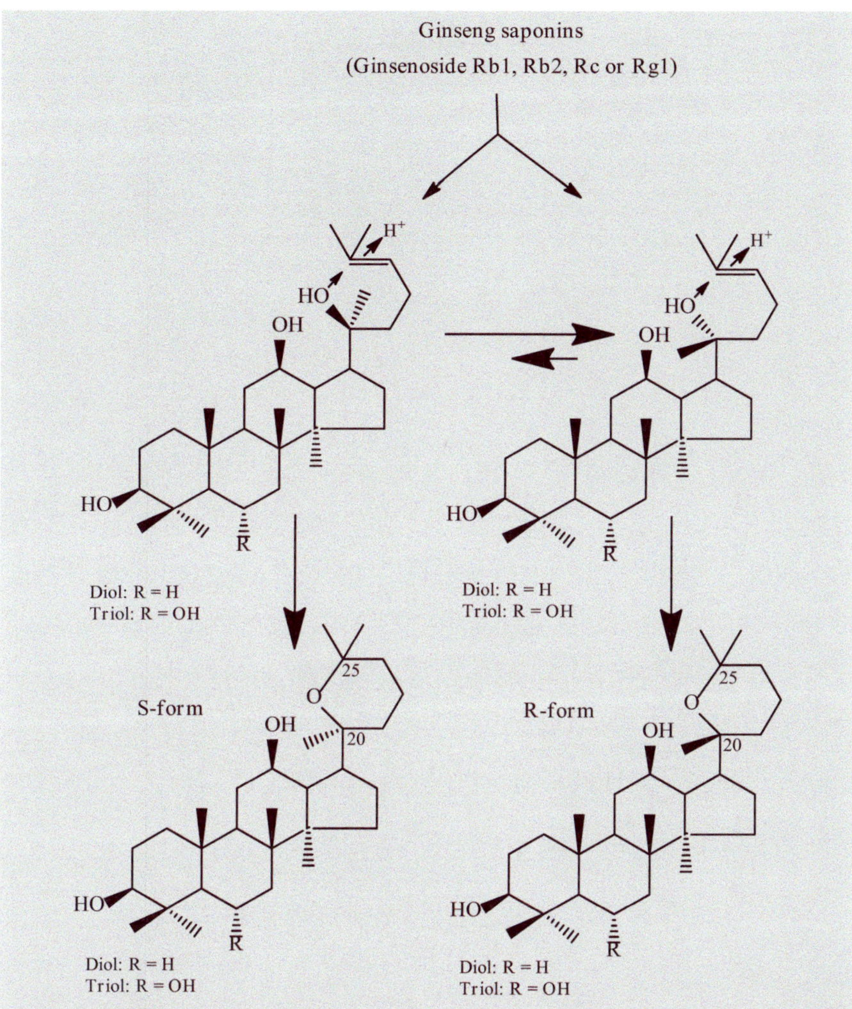

그림 12-2. 진세노사이드 Rg1 그룹의 프로토파낙사트리올은 강산 처리하면, 프로토파낙사다이올처럼 두 종류의 20R-epimer과 20S-epimer가 만들어진다. 프로토파낙사다이올에서도 비슷한 반응이 일어난다(그림 7-3 참조)

분석만으로는 프로토파낙사트리올의 C20의 에피머인 C20(R)-디히드로프로토파낙사트리올과 C20(S)-디히드로프로토파낙사트리올의 구분이 어렵다는 것을 의미한다. 그러나, TLC에서는 구분이 가능하다(**그림 12-3**).

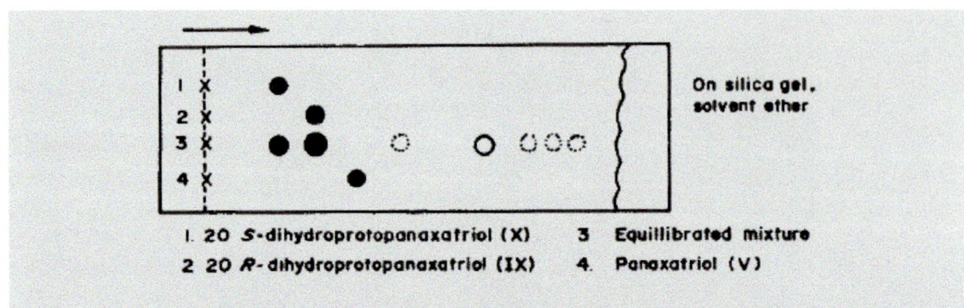

그림 12-3. TLC 분석을 통한 dihydroprotopanaxatriol의 R-form과 S-form 구분 방법. TLC에서 보면, 20S-dihydroprotopanaxatriol이 20R-dihydroprotopanaxatriol보다 약간 극성이 강한 것으로 나타난다. Tetrahedron Letters, 27, 881 (1971).

비슷하게, 진세노사이드-Rb1과 Rc를 묽은 무기산으로 가수분해하면 파낙사다이올이 생성되고(그림 12-2), 실온에서 진한 HCl로 가수분해하면 염소화합물이 생성되고(그림 12-1A), 이는 탈염화수소화 반응에서 각각 C20R-프로토파낙사다이올과 C20S-프로토파낙사다이올이 만들어진다(그림 12-1B). 다른 한편, 스미스 degradation으로 진세노사이드 Rb 그룹의 사포닌들을 분해하면 진짜 사포게닌인 C20S-프로토파낙사다이올만 생성된다(제7장).

요약하면, 진세노사이드 Rb 그룹의 진짜 사포게닌을 20S-프로토파낙사다이올이란 이름을 제안하였고, 그에 대한 C20-에피머를 20R-프로토파낙사다이올이라는 이름을 제안하였다. 비슷하게, 진세노사이드 Rg1 그룹의 진짜 사포게닌을 20S-프로토파낙사트리올이란 이름을 제안하였고, 그에 대한 C20-에피머를 20R-프로토파낙사트리올이라는 이름을 제안하였다.

프로토파낙사다이올과 프로토파낙사트리올 모두에서 C20의 키랄성chirality은 다음과 같이 확정되었다.

1) 프로파낙사다이올과 프로토파낙사트리올 모두의 C12에 β–OH

group을 갖는 담마란형 트리테르펜노이드 화합물의 C20에 있는 -OH group는 산 처리 시 쉽게 에피머화되어 C20S-에피머보다 C20R-에피머가 많이 만들어지는 쪽으로 20R-에피머와 20S-에피머의 화학 평형 혼합물을 생성한다는 현상을 발견했다.

증거: 프로토파낙사다이올이나 프로토파낙사트리올에서 유도된 디히드로프로토 유도체에 클로로포름을 함유하는 *p*-톨루엔설폰산으로 처리하거나 수성 에탄올에서 끓는 희석된 H_2SO_4로 처리하면, 20S-프로토파낙사다이올이나 20S-프로토파낙사트리올보다 20R-프로토파낙사다이올이나 20R-프로토파낙사트리올이 더 많은 형성된 평형 혼합물이 생성된다.

2) 결과적으로, 프로토파낙사다이올이나 프로토파낙사트리올에서의 C20의 키랄성이 각각 R-form과 S-form임을 시사한다. **디히드로진세노사이드-Rg1의 산 가수분해에서도 동일한 1)항과 같은 혼합물을 생성했다**(그림 12-1C).

제 13 장

토양 미생물에 의한 분해, 당 분해 효소 및 알카리 가수분해를 이용한 인삼 사포닌 구조 분석

....

시바타 교수 그룹은 diol-type 인삼 사포닌의 골격 구조인 진짜 사포게닌이 담마란-type의 트리터페노이드인 20(S)-프로토파낙사다이올이다 라는 것을 밝혔다(제8장). 인삼 사포닌에 약산mild acid을 사용하더라도 반응 온도를 높이면 사포닌 골격 결합된 당이 가수분해되면서, 산 촉매에 의하여 인공물질인 20(R)-프로토파낙사다이올과 진짜 사포게닌인 20(S)-프로토파낙사다이올 혼합물이 생기는 것을 확인하였다(제7장). 20(R)-프로토파낙사다이올이 20(S)-프로토파낙사다이올보다도 더 많은 형성되는 방향으로 평형을 이루어 처음에는 20(R)-프로토파낙사다이올이 진짜 사포게닌으로 생각하였다(제7장). 그러나, 산 촉매 반응을 최소화하는 스미스 degradation 방법을 이용하여 중성 사포닌인 진세노사이드 Rb 그룹을 분해하면, 20(R)-프로토파낙사다이올은 만들어지지 않고, 20(S)-프로토파낙사다이올만 만들어지는 것을 확인하였다(제7장). 그래서, 시바타 교수 그룹은 진세노사이드 Rb 그룹의 진짜 사포게닌은 20(S)-프로토파낙사다이올임을 최종적으로 확인했다(제7장). 시바타 교수 그룹은 진세노사이드 Rb 그룹의 약한 산 가수분해로 얻어지는 일반적인 프로사포게닌 대한 진세노사이드 Rb 그룹으로 표현된다고 추정했다.

또, 시바타 교수 연구 그룹은 진세노사이드 Rb 그룹의 동족체인 진세노사이드 Rg 그룹도 C6의 –OH group이 하나 더 있을 뿐, 무기산에 의한 가수분해에 의하여 20(R)-panaxatriol이 만들어지고, 약산에 의하여 20(R)-protopanaxatriol이 만들어지는 것을 진세노사이드 Rb 그룹과 비슷한 패턴을 보이는 것을 증명하였다(제11장과 제12장). 즉, 산 촉매에 의하여 인공물질인 20(R)-프로토파낙사트리올과 20(S)-프로토파낙사트리올 혼합물이 생기는 것을 확인하였다(제12장). 20(R)-프로토파낙사트리올이 20(S)-프로토파낙사트리올보다도 더 많은 형성되는 방향으로 평형을 이루는 것을 확인하였다(제12장).

시바타 교수 그룹이 지금까지 수행했던 인삼 사포닌(진세노사이드)의 화학구조를 밝히기 위하여 산 가수분해 시 나타나는 특징들을 다음과 같이 요약할 수 있다.

1) 인삼 진세노사이드는 산성 조건에서 매우 불안정하다.

2) 인삼 진세노사이드의 일반적인 산 가수분해 결과, 생긴 사포게닌은 측쇄의 에피머화epimerization에 의한 2가지 C20(R)-epimer와 C20(S)-epimer가 생성된다,

3) C20의 –OH group의 산 촉매에 의한 고리화cyclization 반응으로 trimethyl-tetrahyropyrane ring 형성과 같은 여러 부가반응을 항상 동반하여 인공 물질(artifact)이 만들어진다(제5장).

4) 또 다른 isomer 생성isodehydroprotopanaxadiol가 만들어진다(제5장).

따라서, 시바타 교수 그룹이 사용했던 화학적 가수분해에 의한 인삼 사포닌 구조를 밝히는 방법 외, 다른 일본 연구자들이 산 가수분해

외의 다른 방법들을 사용하여 인삼 사포닌의 구조를 밝히는데 도움을 준다. 그 과정을 본 장에서 차례차례 소개한다.

토양 미생물에 의한 인삼 사포닌 가수 분해 산물을 통한 인삼 사포닌 구조 해석

위에서 기술한 바와 같이, 약산mild acid 처리에서도 쉽게 이성질화되어 평형화된 C20-에피머 혼합물인 20(S)- 및 20(R)-프로토파낙사다이올을 제공하는 것으로 나타났다. 더 강한 산성 조건에서 산 촉매에 의하여 트리메틸-테트라하이드로피란 ring이 형성된 파낙사다이올과 20-에피-파낙사다이올 혼합물을 제공하는 것으로도 입증되었다(그림 13-1). 따라서, 시바타 교수 그룹에서 수행했던 연구들은 인삼 사포닌에 처리한 무기산의 강도에 따라 panaxadiol 혹은 protopanaxadiol이 생성된다는 것을 증명해 왔다. Yoshioka 등(1972)이 본 연구를 수행하게 된 이유는, 미생물 처리에 의한 방법의 장점은 산 처리에 의한 인삼 사포닌 가수분해가 아닌 미생물을 이용하여 가수분해를 진행하기 때문에 C20(R)-form이나 C20(S)-form의 혼합 에피머 형성에 대한 필요 없는 반응을 줄일 수 있기 때문이었다.

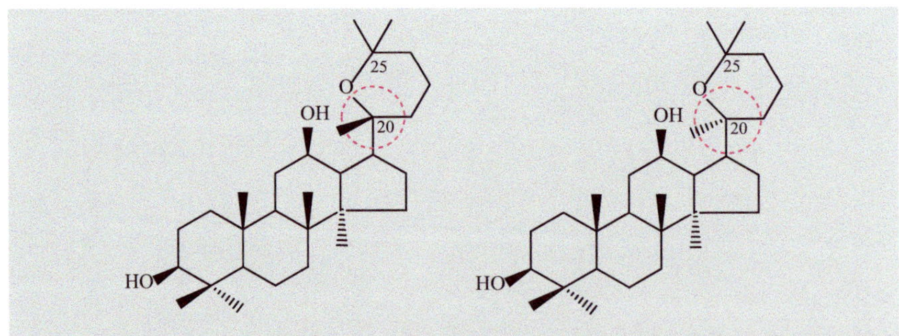

그림 13-1. 인삼 진세노사이드 Rb 그룹의 중성 사포닌들을 강산 가수분해하면, C20-epimer인 2종류의 파낙사다이올이 형성된다(red circles). 더 자세한 설명은 text 참조.

토양 미생물에 의한 인삼 사포닌 분해 및 분해 생성물 화학 구조 검증

Yoshioka(1972) 등은 진세노사이드 Rb 그룹에 미생물학적 처리 방법을 적용하였다. 먼저, 토양 세균(균주 YSB-6)에 의한 인삼 사포닌 가수분해로 생산된 진정한 프로토파낙사다이올(사포게놀)에 생성에 결과를 보여주었다(**그림 13-2**). 그래서, Yoshioka 등(1972)은 토양 미생물학적 방법을 이용하여, 20(S)-프로토파낙사다이올의 화학구조 정확성 대한 추가적인 증거를 얻었다. 그 방법으로 진세노사이드 Rb 그룹의 혼합물이 유일한 탄소원carbon source으로 하는 합성 배지에서 선발된 토양 유래 균주를 사용하여 얻은 가수분해물을 얻었다. 토양 미생물 가수분해 산물을 에테르로 추출하여 준비한 에테르 추출물을 박층크로마토그래피(TLC)를 확인하였다(**그림 13-2**).

TLC 결과 분리되는 여러 중요한 성분들 중, 반점(spot) A와 B를 나타내는 두 화합물은 알루미나 컬럼 크로마토그래피로 어글리콘(spot A, m.p. 174-177°)과 프로사포게(닌)놀(spot B, compound K, 비정질)로 각각 2.2%와 20.5% 수율로 분리하였다. Spot A의 어글리콘이었고, 분석을 통하여 20(S)-프로토파낙사다이올로 확인되었다. TLC를 통해 20(S)-프로토파낙사다이올은 20(R)-프로토파낙사다이올과 확실

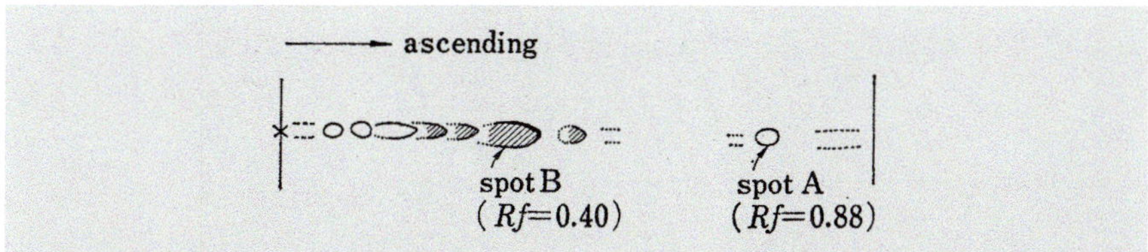

그림 13-2. 토양에서 유래한 미생물에 의한 인삼 진세노사이드 Rb 그룹 분해 산물(soil bacterial hydrolysate)의 ether 추출물(ether extract)에 대한 TLC 결과. spot B는 compound K의 위치이고, spot A는 protopanaxadiol의 위치다. 전개 용매 조건($CHCl_3$: MeOH=6:1, Silica Gel Camag D-5). Chem. Pharm. Bull., 20, 2418 (1972)

하게 구별할 수 있어서(그림 12-3), 진세노사이드 Rb 그룹은 토양 미생물 분해에 의하여도 20(S)-프로토파낙사다이올이 진짜로 만들어지는 것을 검증했다. Yoshioka 등(1972)은 아주 자세하게 TLC를 실시하였지만, 토양 미생물에 의한 전체 가수분해 산물에서 20(R)-프로토파낙사다이올은 검출하지 못했다. 이 방법은 단순 토양 미생물에 의한 분해로 시바타 교수 연구 그룹이 수행했던 산 가수분해라는 화학 반응으로 얻어진 결과와 다른 특징을 보여주고 있다.

토양 미생물 분해 산물에 대한 정성적 분석에서 프로토파낙사다이올과 모노글리코시드 유도체 존재 확인

20(S)-프로토파낙사다이올외에 TLC에서의 이동성을 기준으로 추측할 때, 프로토파낙사다이올에 당이 하나 결합한 모노글리코사이드 유도체가 존재하는 것을 확인하였다. Yoshioka 등(1972)은 이 미지의 화합물을 화합물 Kcompound K라고 이름을 지었다(그림 13-3A). Compound K는 적외선(IR) 스펙트럼에서 넓은 하이드록실 흡수 대역을 보였다.

Compound K(화합물 K)는 실리카겔 컬럼 크로마토그래피 진행 중에 부분적으로 분해되는 것으로 나타났기 때문에 위에서 설명한 대로 알루미나를 이용하여 분리되었다. 일반적인 아세틸화 반응acetylation reaction에서 화합물 K는 결정질 헥사아세트산을 생성했다(그림 13-3B). 헥사아세트산은(m.p. 177-178°) IR 분석 스펙트럼에서 free –OH group(하이드록실기) 흡수 대역band을 보이지 않았다. 따라서, 모든 –OH group은 아세틸레이션된 것으로 나타났다(그림 13-3B). 헥사아세테이트의 양성자 자기 공명(PMR) 스펙트럼은 5개의 일반적인 C-메틸 기능, 산소 기능에 대한 제미날geminal C-메틸 1개(8.86τ, C20에 위치), 2개의 비닐vinylic C-메틸(8.44 및 8.38τ, C25에 위치) 및

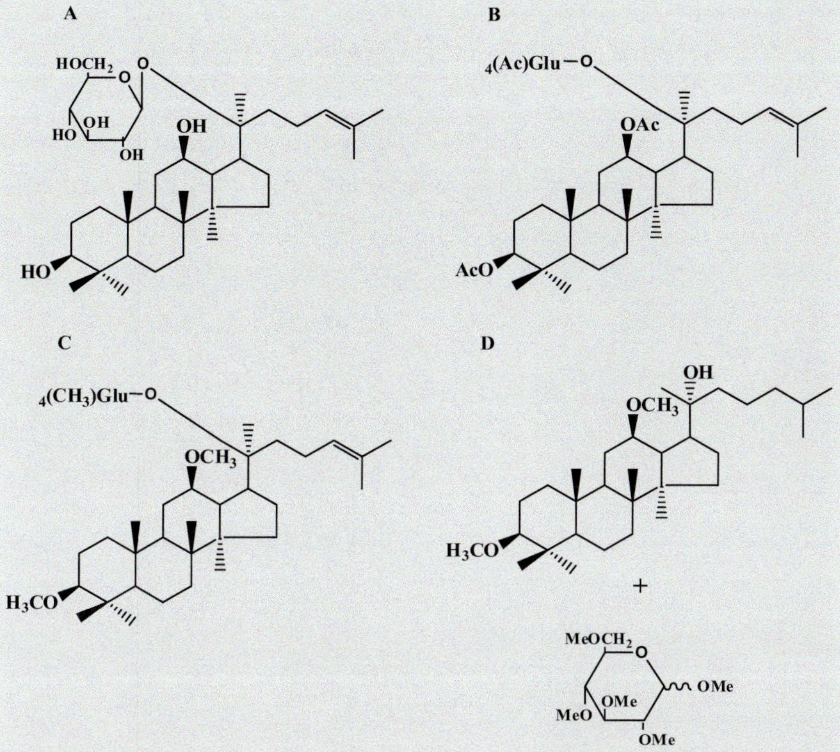

그림 13-3. 토양 미생물에 진세노사이드 Rb 그룹의 사포닌을 처리했을 때, compound K(CK)라는 프로사포게닌이 생성된다(A). CK에 부착된 당의 위치를 찾기 위한 방법으로 CK의 acetylation과 methylation 과정에서 hexa-acetylation(B)과 hexa-methylation(C)이 되어 free -OH group이 남아 있지 않은 것을 확인하였다. 그 후 hexa-methylated CK의 산 가수분해 결과 남아 있는 methyl group은 C3와 C12에 남아 있다(D). 또 생성된 glucose은 2,3,4,6 위치에 methylation 되어 있어 당이 결합된 위치는 C20의 -OH group임을 확인하였다. 더 자세한 내용은 text 참조.

O-아세틸 기능에 대한 제미날 카르비닐 양성자one geminal carbinyl proton 1개(5.60τ, C3) 및 6개의 아세틸기의 존재함을 보여주었다. 따라서, compound K의 글루코실 부분은 어글리콘의 C3이 아닌 C12 또는 C20의 존재하는 –OH group에 부착되어 있다고 추정하였다.

Yoshioka 등(1972)은 화합물 K에 당이 C20에 당이 붙어 있었다는 것을 증명하는 실험을 다음과 같이 수행하여 확인했다.

1) 하코모리Hakomori의 방법(절차)을 통해 compound K를 메틸화methylation하면 IR 스펙트럼에서 자유 하이드록실 기능이 없음을 보여주는 완전히 메틸화된 생성물이 만들어진다(그림 13-3C).

2) 퍼메틸레이트의 촉매 수소화는 dihydro-compound K 유도체를 생성하고, 이어서 진한 염산을 사용하여 가수분해하여 3,12-디-O-메틸-20(R)-디히드로프로토파낙사다이올(m.p 140-142°)을 생성했다(그림 13-3D). 이때 S-form으로 존재하는 것이 아니고 R-form이 만들어진 것은 산의 존재하에 에피머화로 인한 것으로 확인하였다.

3) 그림 13-3C의 메틸화된 생성물을 가수분해하면, 별도의 당이 생성되는 것을 검증하였다. 가수분해되어 만들어진 당은 2,3,4,6-테트라-O-메틸-D-글루코피라노스이었다. 메틸화된 생성물의 전체 가수분해물의 TLC 결과는 가까운 Rf값에서 추정한 대로 20(R)이 대부분이었고, 20(S) 유도체는 미량의 존재를 보였다. 그러나, 순수한 상태에서는 그림 13-3D만 분리되었다. 이와 같이, 2O(R) 유도체의 우세한 형성은 20(S)- 및 20(R)-프로토파낙사다이올과 관련 트리테르페노이드의 산 촉매 에피머화에 의해서 만들어진다는 보고와 비슷한 결과이다(제12장).

4) 따라서, compound K에서 글루코실 부분의 위치는 이제 C20에 있는 것으로 공식화할 수 있다. 이는 그림 13-3B의 IR 분석 스펙트럼에서 앞서 언급한 free –OH group(자유 하이드록실) 흡수 band가 없다는 사실이 증거가 된다(그림 13-3B). 또한, 20(S)-프로토파낙사다이올과 Compound K에 클라인의 규칙Klyne's rule을 적용한 결과, 후자

의 글루코실 부분이 β 방향으로 부착된다는 사실이 밝혔다.

결과적으로, Compound K의 화학식은 20-O-β-D-글루코피라노실-20(*S*)-프로토파낙사다이올(그림 13-1A)로 표현할 수 있다. 시바타 교수 연구 그룹이 진세노사이드 Rb 그룹의 일반적인 프로사포게닌(놀)prosapogenol의 구조를 규명한 것과 관련하여, Yoshioka 등(1972)이 수행한 연구는 진세노사이드 Rb 그룹의 전체 구조에 대한 추가 증거를 제공할 수 있다. 즉, C20에 또 다른 글리코시드 결합을 가지고 있다는 것이다. 또, 20(S)-프로토파낙사다이올이 진세노사이드 Rb 그룹의 진정한 사포게닌(놀)이라는 결론과 본 장에서 compound K로 지정된 또 다른 프로사포게닌(놀)이 토양 미생물에 의하여 만들어지는 것을 확인한 것이다.

토양 박테리아에 의한 diol계 사포닌 가수분해 특징

현재, 토양 박테리아 가수분해는 인삼 사포닌 가수분해의 경우에서 관찰된 것처럼 진세노사이드 Rb 그룹 C3를 제외한 다른 위치에 당이 결합된 글리코시드 결합을 공격하지 않은 채로 두었다는 점이 특징이다. 이러한 유형의 가수분해는, 다른 방법으로는 접근할 수 없다. 토양 박테리아 가수분해 방법이, 특히, 어글리콘의 C3 이외의 글리코시드 결합을 가지고 있는 담마란-type 트리테르페노이드 사포닌의 구조를 규명하는 데 유용한 수단이 될 수 있음을 보여주었다.

토양 박테리아에 의한 인삼 사포닌 가수분해 연구는, 그 후 사람 장내 미생물도 diol-type 인삼 사포닌 분해하여 compound K를 생성한다는 연구에 중요한 단서를 제공한다. 또, 사람 장내 미생물에 의한 triol-type 인삼 사포닌 분해 산물에 대한 것도 시도되었다.

식품 가공용 효소를 이용한 인삼 사포닌 가수분해

한편, Kanda와 Tanaka(1975년)는 국내에서 비교적 쉽게 구할 수 있는 식품 가공용 조crude 효소를 중심으로 검토했다. 사용된 효소는 조 헤스페리디나제, 조나린기나제, 조펙티나제, 조셀룰라아제, 조아밀라아제 및 에멀신이다. Ginsenoside-Rb1,-Rb2,-Rc4)의 혼합물에 대해서는 조 헤스페리지나아제, 조나란기나제, 조 펙티나아제는 진짜 사포게닌의 생성은 미정이었지만, Yoshioka 등(1972)이 먼저 토양균 가수분해로 만든 일종의 프로사포게닌인 compound K를 얻었다.

조(crude)헤스페리디나제는 진세노사이드-Rg1을 가수분해하여 진짜 사포게닌, 20(S)-프로토파낙사트리올 및 포도당을 거의 정량적인 수율로 생성했다. 반면, 진세노사이드 Rb1, -Rb2, 및 -Rc의 혼합물은 이 조효소 제제와 함께 주요 생성물인 화합물 Kcompound K(=20-O-β-글루코실-20(S)-프로토파낙사다이올)을 생성했다.

그러나, 순수 정제된 헤스페리디나제는 이들 사포닌을 가수분해할 수 없었다. 이 조제제에 존재하는 다른 글리코시다제와 함께 가수분해가 일어났다. 조 헤스페리디나아제는 또한, 인삼 잎의 사포닌과 Panax japonicus 뿌리의 사포닌(치쿠세츠사포닌-III 제외)을 가수분해하여 해당 사포게닌을 생성하는 것을 확인했다.

알카리 처리에 의한 인삼 사포닌 가수분해

Chen 등(1987년)은 지금까지 다른 연구자들이 수행했던 방법들의 단점들이 있음을 확인했다. 즉, 시바타 교수 그룹이 시도했던 인삼 사포닌 산 가수분해는 원하지 않은 인공 물질을 생성한다(제4장). 위에서 기술한 토양 미생물과 다양한 효소 처리는 생성물의 수율이 낮았고, 효소 처리는 특정한 효소를 지정할 수 없는 것이 단점으로 나타났다. 따라서, Chen 등(1987년)은 더 진보된 방법을 시도하였다.

즉, Chen 등(1987년)은 20(S)-진세노사이드-Rg2을 이용하여 실험하였다. 즉, 20(S)-진세노사이드-Rg2의 과아세테이트peracetate에 알코

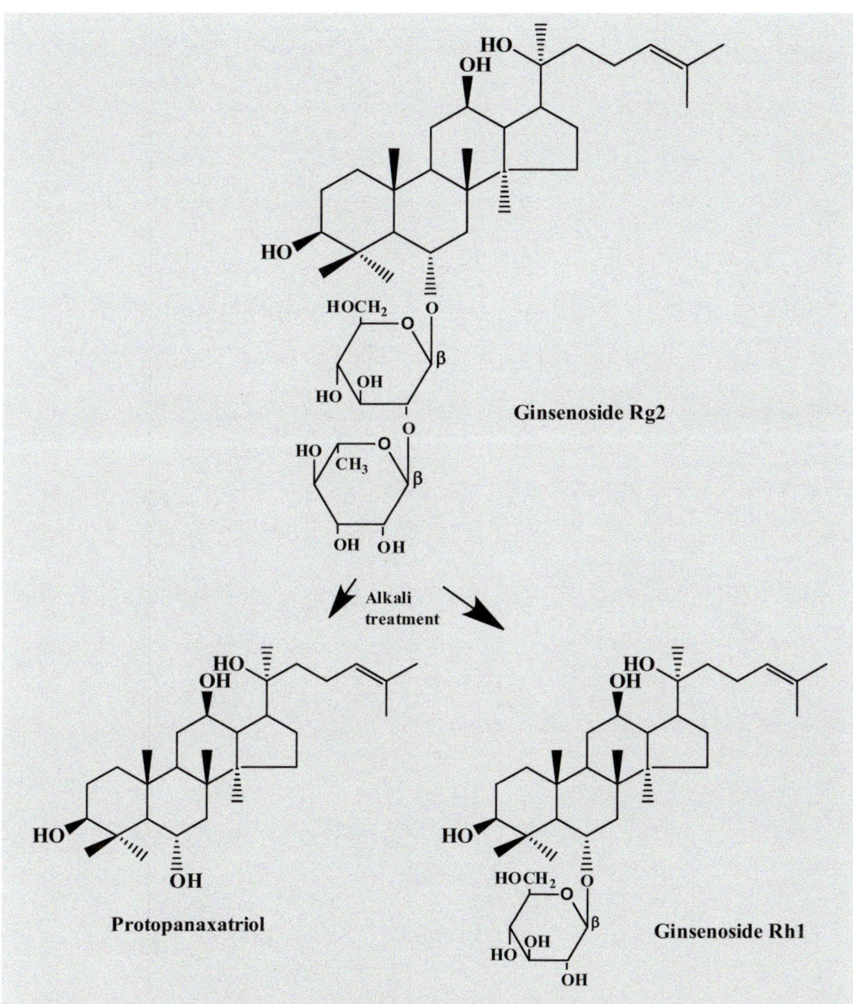

그림 13-4. 진세노사이드 Rg2의 알카리 가수분해에 의한 높은 수율의 진짜 사포게닌인 protopanaxatriol과 prosapogenin(모노글루코시드) 진세노사이드 Rh1 생성이 가능함을 보여주었다.

올성 알칼리 용액을 직접 처리하여 진정한 사포게닌 20(S)-프로토파낙사트리올(그림 13-4)과 20(S)-진세노사이드-Rg2의 프로사포게닌 20(S)-진세노사이드-Rh1을 만드는 데 성공했다(그림 13-4).

더 자세하게 설명하면, 20(S)-진세노사이드-Rg2와 20(R)-진세노사이드-Rg2의 혼합물(200 mg)을 각각 아세트산 무수물(5 ml)과 피리딘(5ml)으로 아세틸화했다. 얻어진 진세노사이드 Rg2 과아세테이트를 벤젠과 아세톤(10:1) 혼합 용매를 사용하여 실리카겔 컬럼 크로마토그래피를 수행하여 각각 20(R)-진세노사이드-Rg2의 과아세테이트와 20(S)-진세노사이드-Rg2의 정제된 과아세테이트를 얻었다. 아세틸화된 20(S)-진세노사이드-Rg2를 0.5 g의 소디움 하이드록사이드(NaOH)을 함유한 분광spectroscopic 부탄올(10 ml)에 80℃에서 6시간 동안 가열하여 탈아세틸화하고 같은 단계에서 글리코시드 결합을 가수분해했다.

그런 다음 반응 용액을 분별 깔때기로 옮기고 증류수 20 ml와 함께 흔들었다. 부탄올 층을 소량의 물로 세 번 세척한 후, 클로로포름과 메탄올의 용매 혼합물로 실리카겔 컬럼에서 크로마토그래피를 수행하여 진정한 사포게닌 20(S)-프로토파낙사트리올과 그에 프로사포게닌인 모노글루코시드 20(S)-진세노사이드-Rh1을 얻었다(그림 13-4).

또한, Chen 등(1987년)은 20(S)-진세노사이드-Re를 이용하였다(그림 13-5). 그들은 방법 B(아래에 기술함)로 처리하여 순수한 20(S)-프로토파낙사트리올을 얻었다(그림 13-5). 이는 20(S)-진세노사이드-Re를 가수분해하는 과정에서 C20에서 에피머화가 일어나지 않았음을 시사한다.

마지막으로, 가수분해 후 생성된 물질의 회수율을 조사하고 두 가

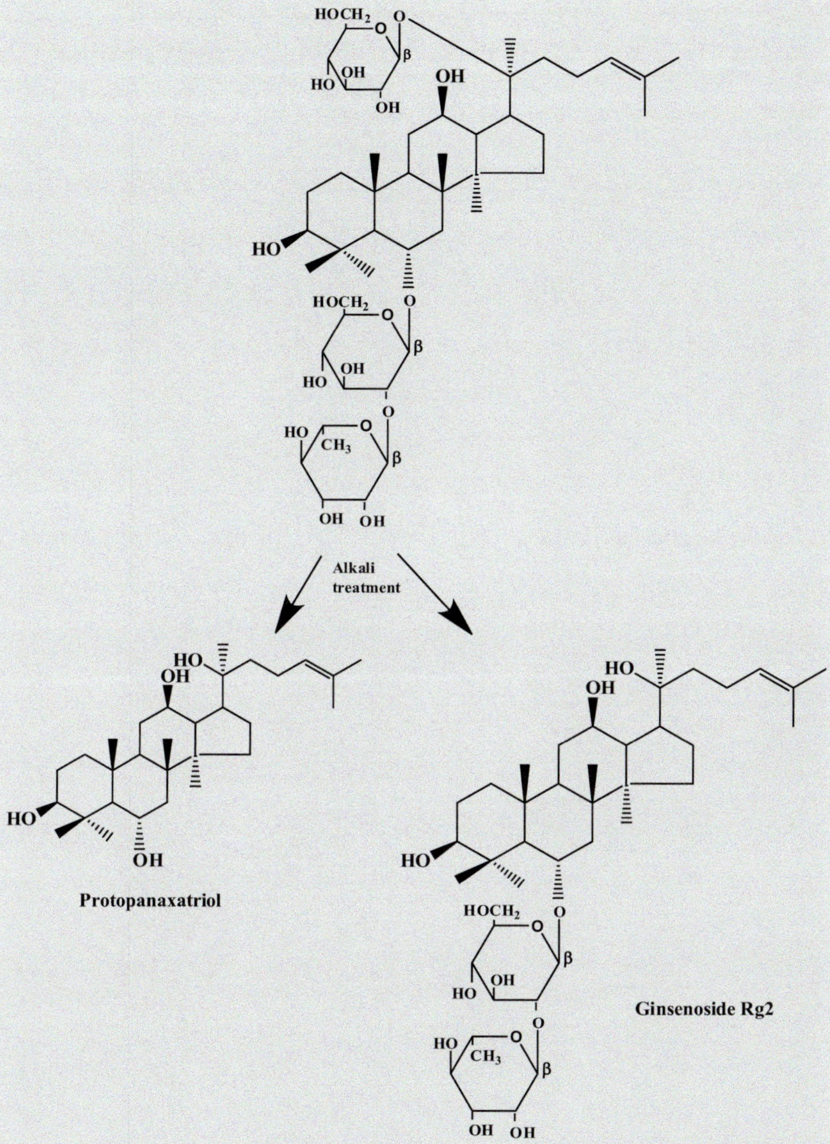

Alkali treatment

Protopanaxatriol

Ginsenoside Rg2

그림 13-5. 진세노사이드 Re의 알카리 가수분해에 의한 높은 수율의 진짜 사포게닌인 protopanaxatriol과 prosapogenin(디글루코시드)인 진세노사이드 Rg2 생성이 가능함을 보여주었다.

지 알칼리 조건을 비교하기 위해, 20(S)-진세노사이드-Re의 프로사포게닌인 20(S)-진세노사이드-Rg2와 20(R)-진세노사이드-Rg2(그림 13-5)의 혼합물을 사용하여 다음과 같이 가수분해 반응을 수행했다.

1) 소디움 금속 방법sodium metal method: 나트륨 금속(1 g)을 부탄올(20 ml)에 녹인 진세노사이드-Rg2(102 mg) 용액에 첨가했다. 반응은 80°C에서 6시간 동안 수행했다. 그런 다음, 반응 혼합물을 위에 설명한 대로 처리하여 게닌(18.5 mg), 모노글루코사이드(17.4 mg)를 얻었고 회수된 진세노사이드-Rg2(1.5 mg)를 얻었다.

2) 소디움 하이드록사이드 방법sodium hydroxide method: 수산화나트륨 1 g을 부탄올(20 ml)에 녹인 진세노사이드-Rg2(107 mg) 용액에 첨가한 다음 방법 A에 설명된 대로 반응을 수행하여 진짜 사포게닌(22.9 mg), 모노글루코사이드(23.0 mg)를 얻었고 회수된 진세노사이드-Rg2(4.0 mg)를 얻었다.

제 14 장

Diol-type 인삼 사포닌의 화학 구조 해석 완성

....

시바타 교수 그룹은 인삼 추출물의 박층크로마토그래피(TLC) 실시 후 Rf values의 차이에 따라 분리되는 진세노사이드-Ro, -Rb1, -Rb2, -Rc, -Rd, -Re, -Rf, -Rg1, -Rg2, -Rg3 및 Rh2로 지정된 많은 종류의 인삼 사포닌의 존재를 입증했다(제8장). 이러한 인삼 사포닌들 중, 시바타 교수 그룹은 선행 연구에서 진세노사이드 Rg1의 화학 구조를 먼저 밝혔다. 진세노사이드 Rg1의 화학식이 6,20-di-O-β-D-glucosyl-20S-protopanaxatriol인 것으로 확정하였다(제11장). 본 장에서는, 진세노사이드-Ro와 diol-type 계통의 진세노사이드-Rb1, -Rb2, -Rc 및 -Rd의 분리 및 화학 구조 완전 규명에 대한 것이다.

시바타 교수 그룹은 일본 나가노현에서 재배한 조선종 인삼 뿌리를 뜨거운 메탄올로 추출하여, **그림 14-1**에 표시된 대로 개별 진세노사이드 추출물을 분리했다. 실리카겔 H에서 부탄올 추출물의 TLC 크로마토그램은 **그림 14-2**에 나와 있다. 진세노사이드-Ro, -Rb1, -Rb2, -Rc 및 -Rd의 일반적인 특성은 **표 14-1**에 제시하였다.

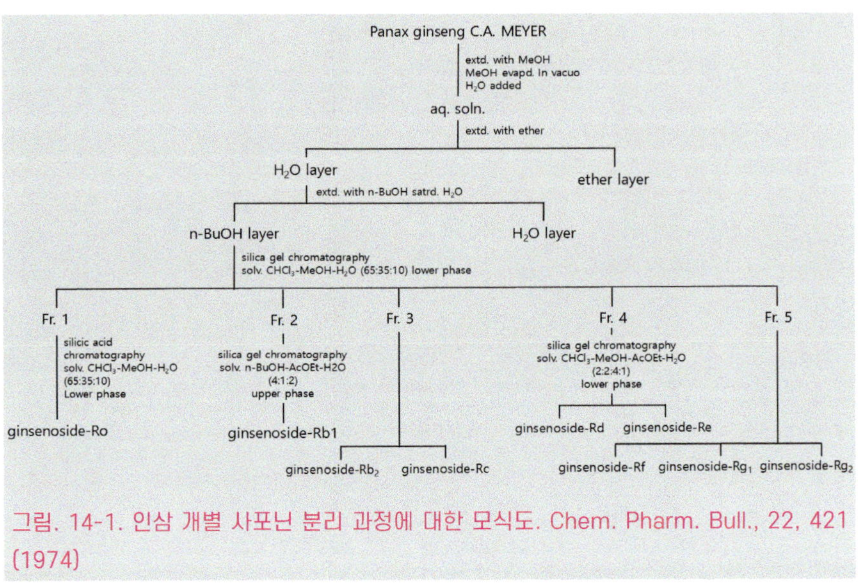

그림. 14-1. 인삼 개별 사포닌 분리 과정에 대한 모식도. Chem. Pharm. Bull., 22, 421 (1974)

다음 단계로, HCl-디옥산dioxane-H_2O로 산 가수분해할 때, 진세노사이드-Ro는 어글리콘으로 올레아놀산oleanolic acid을 생성하였다(**그림**

표 14-1. 진세노사이드 Ro와 다른 diol-type ginsenosides의 물리화학적 특징들

Ginsenoside	Properties	mp (℃)	(cin MeOH)	Formula	IR (KRb) cm-1
Ro	colorless needles (MeOH)	239-241	+15.33° (0.91)	$C_{48}H_{76}O_{19}$	3400 (OH), 1740 (COOR), 1728 (COOH)
Rb_1	white powder (EtOH-BuOH=1:1)	(197-198)	+25.42° (0.91)	$C_{54}H_{92}O_{23}$	3400 (OH), 1620 (C=C)
Rb_2	white powder (EtOH-BuOH=1:5)	(200-203)	+3.05° (0.98)	$C_{53}H_{90}O_{22}$	3400 (OH), 1620 (C=C)
Rc	white powder (EtOH-BuOH=1:5)	(199-201)	+1.93° (1.03)	$C_{53}H_{90}O_{22}$	3400 (OH), 1620 (C=C)
Rd	white powder (EtOH-AcOEt=1:1)	(206-209)	+19.38° (1.03)	$C_{48}H_{82}O_{16}$	3400 (OH), 1620 (C=C)

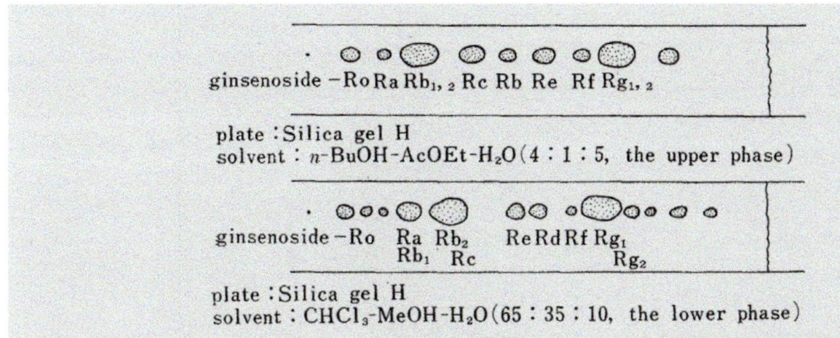

그림 14-2. 다른 전개 용매 조건에서 인삼 사포닌의 Thin-Layer Chromatograms(TLC) patterns. 당이 많은 결합된 사포닌들은 그렇지 않은 사포닌에 비하여 멀리 이동하지 않는다. Chem. Pharm. Bull., 22, 421 (1974)

그림 14-3. 진세노사이드 Ro의 산 분해 산물인 oleanolic acid(A), 진세노사이드 Rb 그룹의 강산 분해 산물인 panaxadiol(B), 스미스 분해 산물인 protopanaxadiol (C)의 화학 구조.

14-3A). 진세노사이드-Rb1, -Rb2, -Rc 및 –Rd는 예상대로 파낙사다이올을 생성했다(그림 14-3B).

각 인삼 사포닌의 단당류 성분은 표 14-2에 나와 있다. 어글리콘과

표 14-2. 진세노사이드 Ro와 다른 diol-type ginsenosides의 사포게닌과 당 구성 특징들

Ginsenoside	Aglycone (genuine aglycone)	Sugar component (mole)
Ro	oleanolic acid	glucose (2), glucuronic acid (1)
Rb1	Panaxadiol (20S-protopanaxadiol)	glucose (4)
Rb2	Panaxadiol (20S-protopanaxadiol)	arabinose (1), glucose (3)
Rc	Panaxadiol (20S-protopanaxadiol)	arabinose (1), glucose (3)
Rd	Panaxadiol (20S-protopanaxadiol)	glucose (3)

단당류는 각각 TLC와 가스-액체 크로마토그래피(GLC) 분석을 통하여 확인했다. 진세노사이드-Rb1, -Rb2, -Rc 및 -Rd의 진짜 어글리콘은 스미스 산화 분해에 의해 20S-프로토파낙사다이올로 확인되었다(제12장)(그림 14-3C).

C20(S)-프로토파낙사다이올의 C3 위치에 당이 결합하고 있다는 증거 확인

시바타 교수 그룹은 2시간 동안 50% 아세트산으로 환류refluxing하여 부분 가수분해한 진세노사이드-Rb1, -Rb2, -Rc 및 -Rd는 프로사포게닌 $C_{42}H_{72}O_{13} \cdot 1/2H_20$을 만들었다. 물리·화학적 특징들을 기반으로 이 프로사포게닌들은 제10장에서 기술한 바와 같이 4종류의 진세노사이드가 공통적으로 프로토파낙사다이올-3-O-β-D-글루코피라노실(1→2)-β-D-글루코피라노사이드인 것으로 나타났다(그림 14-4). 이 결과는 최종적으로 혼합 융합과 진짜 샘플과 TLC 및 적외선(IR) 스펙트럼을 비교하여 확인된 것이다.

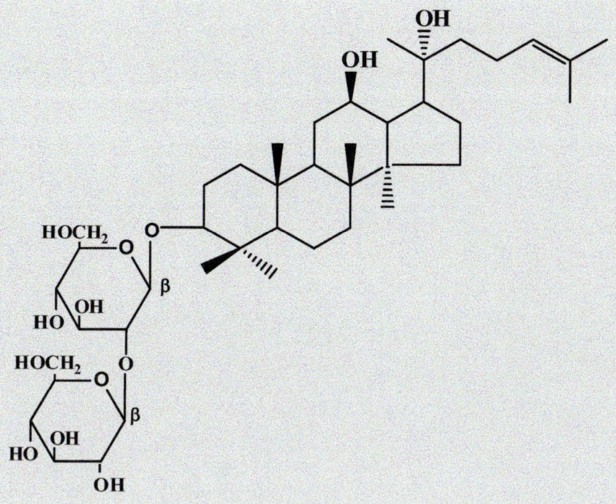

그림 14-4. 50% acetic acid로 환류를 통하여 가수분해된 진세노사이드 Rb 그룹의 프로사포게닌 화학 구조.

결과적으로, 제10장에서 기술한 바와같이, 진세노사이드-Rb1, -Rb2, -Rc 및 -Rd의 3개 또는 4개 중 2개의 포도당 몰이 20S-프로토파낙사다이올의 C3의 –OH group와 연결되어 있는 것으로 밝혀졌다. 즉,

진세노사이드-Rb1은 글루코스와 글루코스,
진세노사이드-Rb2는 아라비노스와 글루코스,
진세노사이드-Rc는 아라비노스와 글루코스, (**그림 14-7**)

진세노사이드-Rd는 글루코스로 구성된 바이오스biose인 **젠티오비오스**gentiobiose가 형성되는 것은 이러한 부분 가수분해를 통해 확인되었다.

인삼 사포닌의 메틸레이션

진세노사이드 Ro의 IR 스펙트럼에서 에스테르 결합 존재 가능성을

보여주었다. 그래서, 진세노사이드-Ro는 염기성 조건에서 분해되는 것을 피하기 위하여 Kuhn 방법으로 반복적으로 메틸레이션하였다 (그림 14-5). 다른 진세노사이드-Rb1, -Rb2, -Re 및 -Rd는 Hakomori 방법으로 메틸화되었다. 이러한 O-메틸화된 사포닌의 특성은 표

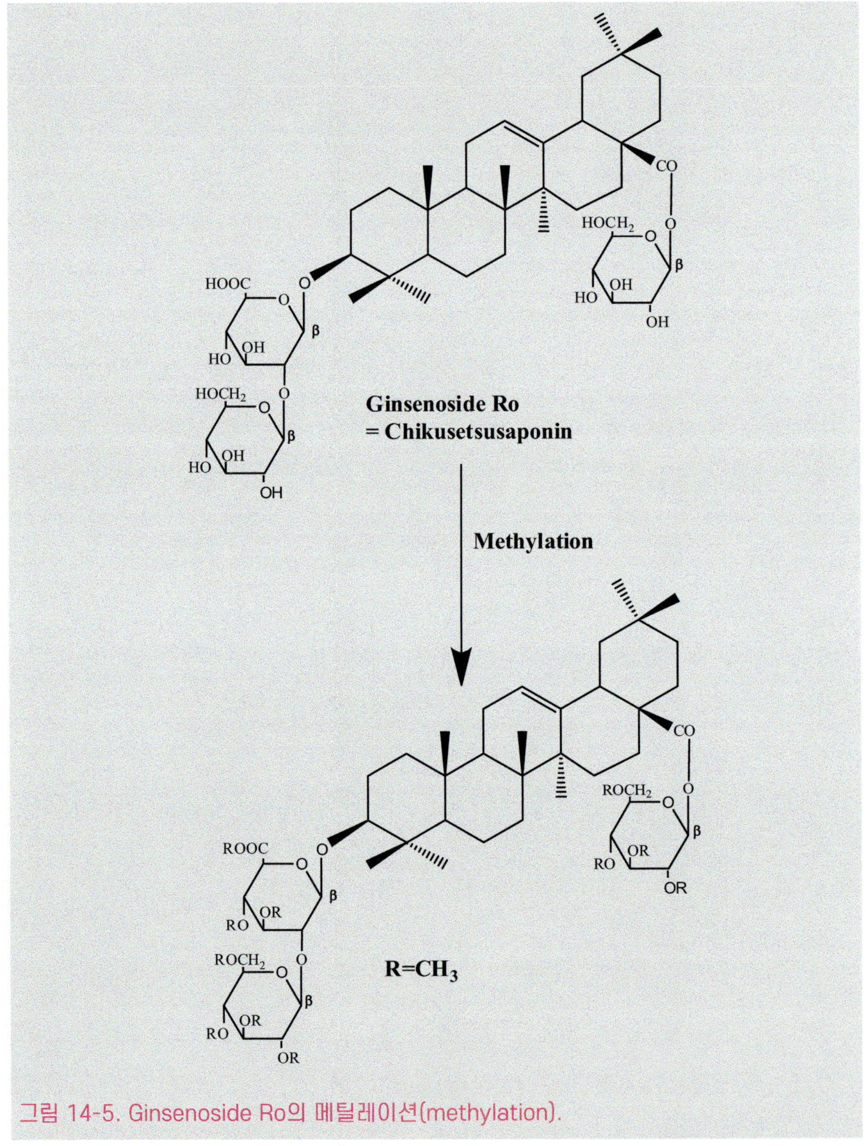

그림 14-5. Ginsenoside Ro의 메틸레이션(methylation).

표 14-3. 메틸레이션된 진세노사이드 Ro와 다른 진세노사이드 Rb 그룹의 메틸레이션된 후의 특징들

O-Methylated ginsenoside	Properties	(c in $CHCl_3$)	Formula	IR in CCl_4 (cm^{-1})	NNR Anomeric proton (δ)
Ro	white powder (aq. MeOH)	+12.6° (0.63)	$C_{59}H_{98}O_{19}$	nil. (OH)	4.40(1H(d) J=7 Hz), 4.55(1H(d) J=7 Hz) 5.3-5.45 (1H, overlapped on
Rb_1	white powder (aq. MeOH)	+0.96° (1.03)	$C_{68}H_{120}O_{23}$	3420 (OH)	4.17(1H(d) J=7 Hz), 4.26(1H(d) J=7 Hz) 4.38(1H(d) J=7 Hz), 4.57(1H(d) J=7 Hz)
Rb_2	white powder (aq. MeOH)	+1.03° (0.97)	$C_{66}H_{116}O_{22}$	3420 (OH)	4.23(1H(d) J=7 Hz), 4.30(1H(d) J=7 Hz) 4.40(1H(d) J=7 Hz), 4.65(1H(d) J=7 Hz)
Rc	white powder (aq. MeOH)	+1.24° (0.80)	$C_{66}H_{116}O_{22}$	3400 (OH)	4.27(1H(d) J=7 Hz), 4.47(1H(d) J=7 Hz) 4.67(1H(d) J=7 Hz), 5.00(1H(d) J=7 Hz)
Rd	white powder (aq. MeOH)	+14.43° (0.97)	$C_{59}H_{104}O_{18}$	3400 (OH)	4.24(1H(d) J=7 Hz), 4.45(1H(d) J=7 Hz) 4.65(1H(d) J=7 Hz)

14-3에 나와 있다.

Per-O-methylginsenoside-Ro, $C_{59}H_{98}O_{19}$는 $LiAlH_4$로 환원하면, 에리스로디올 바이오사이드erythrodiol bioside($C_{48}H_{82}O_{12}$)과 2,3,4,6-테트라-O-메틸-D-글루코스 및 2,3,4,6-테트라-O-메틸-D-소르비톨을 생성되었다(그림 14-6A과 그림 14-6B). 에리트로디올 바이오사이드를 메탄올 2N HCl로 메탄올 분해하여 에리트로디올(m.p. 234-236°), 메틸 2,3,4,6-테트라-O-메틸-D-글루코사이드 및 메틸 3,4-디-O-메틸-D-글루코사이드를 생성했다. 위에서 언급한 진세노사이드-Ro와

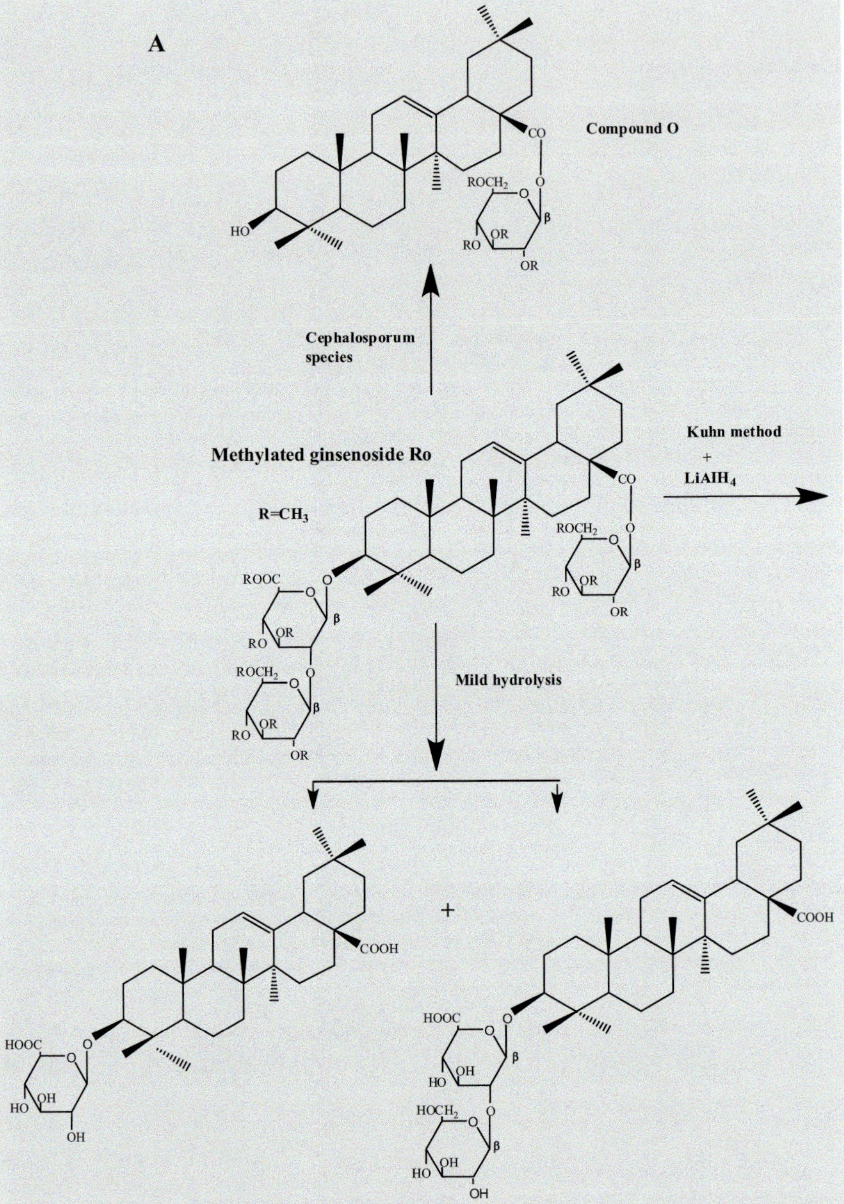

A

Compound O

Cephalosporum species

Methylated ginsenoside Ro

R=CH_3

Kuhn method + $LiAlH_4$

Mild hydrolysis

그림 14-6A. 진세노사이드 Ro의 처리 방법에 따른 분해 산물 생성이 다르다. A. Mild acid hydrolysis를 실시하면 C3에 2종류의 진세노사이드 Ro에서 유래한 프로사포게닌 분해 산물이 만들어진다. 진균(Cepharosporum species)을 처리하면, C3에 결합된 당만 떨어진다.

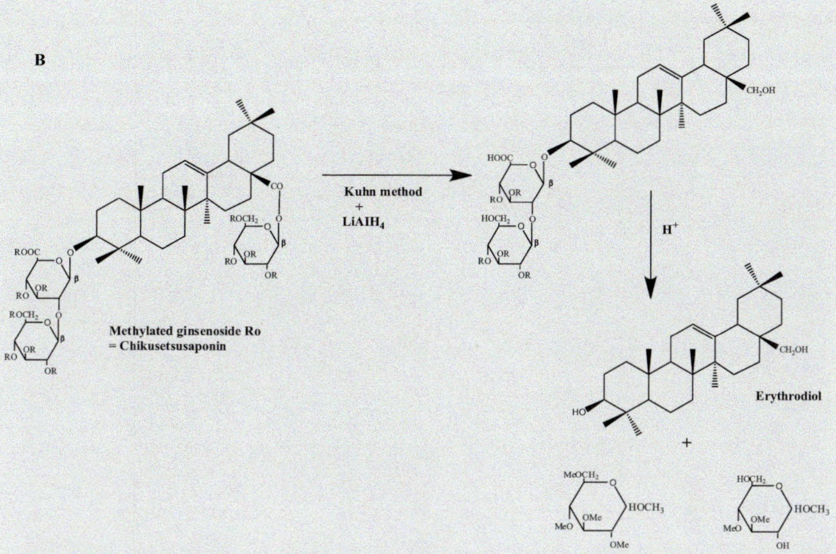

그림 14-6B. 진세노사이드 Ro의 처리 방법에 따른 분해 산물 생성이 다르다. B. Kuhn method으로 메틸레이션하고, $LiAlH_4$로 환원하면 C3에 당이 결합한 erythrodiol bioside 분해 산물이 만들어진다. 이를 다시 산 촉매 반응을 유도하면, erythrodiol과 2분자의 메틸레이션된 당이 만들어진다.

그 per-O-메틸 에테르의 모든 특성은, 이 사포닌이 Panax japonicum C.A.의 주요 사포닌인 치쿠세츠사포닌Chikusetsusaponin-V와 같은 것으로 나타났다(**그림 14-5**). MEYER(=P. pseudoginseng var, japonicum HARA) 및 P. pseudoginseng subsp. himalaicus var. angustifolius., 두 화합물의 동일성은 최종적으로 직접 비교를 통해 입증되었다.

C20에 당이 결합되어 있다는 증거들

1) 시바타 교수 그룹은 O-메틸화된 진세노사이드 Rb1, -Rb2, -Rc 및 –Rd에 C12에 하나의 free –OH group이 존재한다는 것을 확인하였다. 이점을 고려하여, TLC 및 GLC(**표 14-1**)에 의해 형성된 O-메틸 모노당을 조사하기 위해 HCl로 이들 화합물의 메탄올 분해를 수행했

다. 그 결과, 프로토파낙사다이올 또는 프로토파낙사트리올의 C20에 부착된 3차 –OH group(히드록실기)에 대한 당 결합은 50% 아세트산으로 쉽게 가수분해되는 것을 확인하였다(**그림 14-4**, 제10장). 그래서, 진세노사이드 Rb1, -Rb2, -Rc 및 -Rd의 당 부분은 C12가 아니라 C20의 –OH group에 부착된 것으로 가정하였다.

2) 진세노사이드-Rb1, -Rb2 및 –Rc의 아세틸레이션에 의하여 만들어진 아세테이트 화합물은 적외선(IR) 스펙트럼에서 C20에 free –OH group 흡수를 보이지 않아 C20에 O-글리코실 결합이 존재할 가능성을 보여주었다. 그에 대한 이유로 이 유형의 C20에서 3차(tertiary) –OH group(즉, C12와 수소 결합을 통하여)가 아세틸화에 저항하는 것으로 밝혀졌을지라도, C20에 존재하는 –OH group이 자유롭다면, 아세틸화 후에도 –OH group band을 관찰해야 하기 때문이다.

3) 제10장에서 기술한 것과 같이, 진세노사이드 Rb 그룹으로부터 유래한, 프로사포게닌의 옥타아세트산의 IR 스펙트럼은 3542 cm^{-1}(CCl_4 중)에서 분자 내 C12와 수소 결합 –OH group밴드를 나타내어 C-20에 free –OH group (자유 히드록실기)의 존재함을 보여준다(**그림 14-4**).

4) C20에 O-글리코실기 결합의 존재는 진세노사이드-Rb1, -Rb2 및 -Rc의 아세트산의 질량 스펙트럼과 토양 미생물에 의한 사포닌의 가수분해 결과에 의해서도 뒷 받침되었다(제13장). 즉, 토양 미생물은 진세노사이드 Rb 그룹을 분해하여 프로사포게닌인 C20에 당이 결합된 Compound K를 만든다(제13장). 본 연구 결과를 바탕으로 진세노사이드-Rb1, -Rb2 및 -Rc의 공통적인 부분 구조를 공식화할 수 있다(**그림 14-7**).

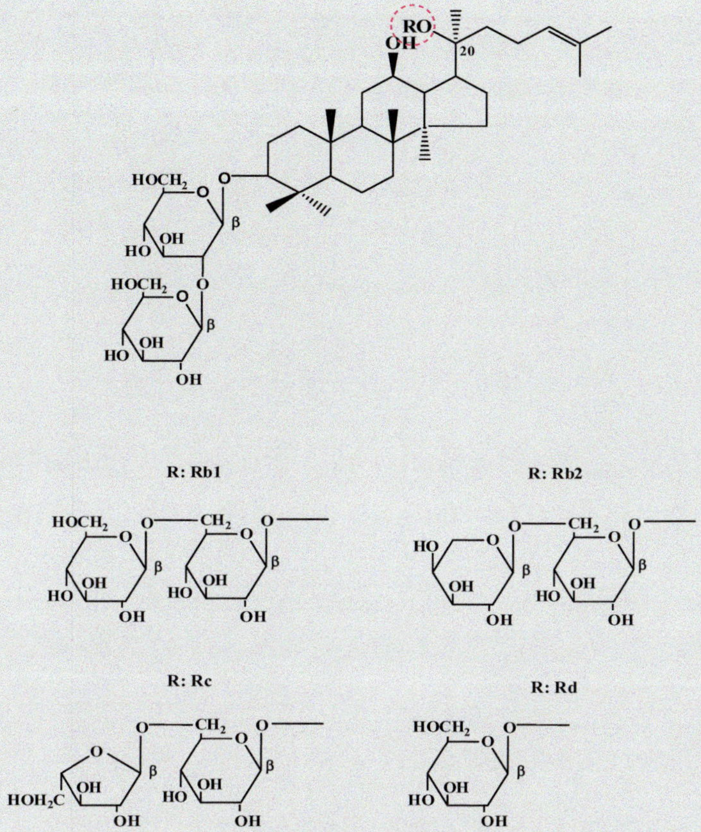

그림 14-7. 진세노사이드 Rb 그룹의 완전한 구조. 각각의 진세노사이드는 C20에 결합한 당의 숫자, 위치 및 종류에 따라 진세노사이드 이름이 구분된다.

C12 위치에 당이 결합하지 않았다는 증거

하코모리 방법에 의한 퍼메틸화에 저항하는 하이드록실기의 위치를 확인하기 위해, O-메틸화된 진세노사이드-Rb1, -Rb2, -Rc 및 -Rd를 수소화하였다. 이어서 디히드로 유도체를 피리딘에서 CrO_3로 산화하여 해당 케톤 유도체를 얻었다(**그림 14-8**). 이는 1710~1714 cm^{-1}에서 6원자 C=O의 IR 흡수 대역을 보였다. 이 케톤체를 메탄올에 들어있는 7% HCl로 처리하여 자외선(UV) 스펙트럼에서 265nm

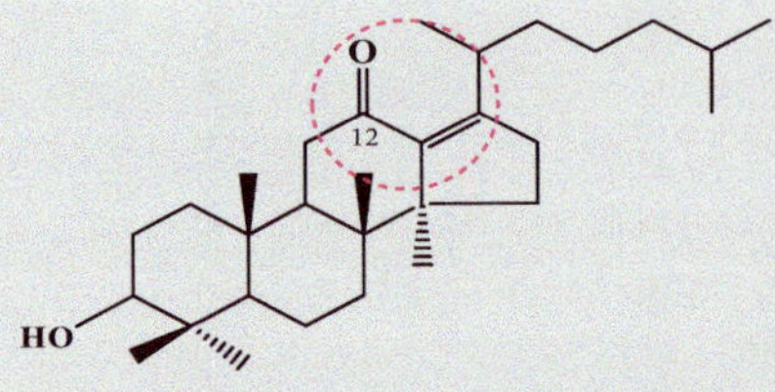

그림 14-8. 진세노사이드 Rb 그룹의 C12의 -OH group에 당이 결합되어 있지 않고 free -OH group이라는 증거(그림 3-8 참조).

에서 최대 흡광도를 보이는 일반적인 어글리콘을 얻었다(**그림 14-8**).

이 결과는, 앞에서 기술한 바와 같이, Hakomori 방법에 의한 메틸화에 저항하는 하이드록실기(-OH group)가 케톤으로 산화되고, 이

표 14-4. 인삼 중성 사포닌 Rb 그룹에서 methylation된 후 가수분해하여 얻은 monosaccharides의 특징들

O-Methylated ginsenoside	O-Methylated monosaccharides	Rf values (TLC)a)	tR (min)b)
Rb1	methyl 2,3,4,5-tetra-O-methyl-D-glucopyranoside	0.58, 0.40	3.5, 4.8
	methyl 2,3,4,-tri-O-methyl-D-glucopyranosie	0.15	10.0
	methyl 3,4,6-tri-O-methyl-D-glucopyranosie	0.19	8.6
Rb2	methyl 2,3,4,5-tetra-O-methyl-D-glucopyranoside	0.58, 0.40	3.5, 4.8
	methyl 2,3,4,-tri-O-methyl-D-glucopyranosie	0.15	10.0
	methyl 3,4,6-tri-O-methyl-D-glucopyranosie	0.19	8.6
	methyl 2,3,4-tri-O-methyl-L-arabinopyranoside	0.50	3.3
Rc	methyl 2,3,4,5-tetra-O-methyl-D-glucopyranoside	0.58, 0.40	3.5, 4.8
	methyl 2,3,4,-tri-O-methyl-D-glucopyranosie	0.15	10.0
	methyl 3,4,6-tri-O-methyl-D-glucopyranosie	0.19	8.6
Rd	methyl 2,3,5-tri-O-methyl-L-arabinofuranoside	0.82	2.1, 2.6
	methyl 2,3,4,6-tetra-O-methyl-D-glucopyranoside	0.58, 0.40	3.5, 4.8
	methyl 3,4,6-tri-O-methyl-D-glucopyranoside	0.19	8.6

[a)]plate: Silica gel H; solvent: hexane-acetone (7:2)

[b)]column: 5% NPGS (on Chromosorb W) 3 mmX2m; column temp.: 175°; injection temp.: 230°; carrier gas: $N_2$1 kg/cm^2

케톤 유도체를 HCl로 가수분해하면 탈수와 수소화물 이동이 발생하여 α,β-불포화 케톤이 생성됨을 시사한다(제4장). 따라서 자유 하이드록실기의 위치는 C12로 확정할 수 있다(**그림 14-8**, red circle).

제10장에서 기술했듯이, 진세노사이드-Rb1은 P. pseudoginseng subsp. himalaicus var. angustifolius에서 분리한 사포닌-D, 20S-protopanaxadiol-3-[0-β=D-glucopyranosyl(l→2)-β-D-glucopyranoside]-20-[0-β-D-glucopyranosy1(1→6)-β-D-glucopyranoside와 유사하며, 직접 비교를 통해 동일성이 확인되었다.

진세노사이드-Rb2, -Rc 및 -Rd의 각 당의 구성은 핵자기 공명(NMR) 스펙트럼(표 III)에서 아노머 양성자 신호의 결합 상수를 통해 밝혀졌다. 진세노사이드 Rc([M]D=+20.8°)와 진세노사이드-Rd([M]D=+183.3°)의 분자 광학 회전 차이는 –162.5°로 진세노사이드-Rc의 L-아라비노푸라노사이드의 α-configuration(배열)을 나타낸다.

따라서 진세노사이드-Rb2, -Rc 및 -Rd의 구조는 20S-프로토파낙사다이올-3-[O-β-D-글루코피라노실(1→2)-β-D-글루코피라노사이드]-20-[O-α-L-아라비노피라노실(1→6)-β-D-글루코피라노사이드], 20S-프로토파낙사다이올-3-[O-β-D-글루코피라노실(1→2)-β-D-글루코피라노사이드 20)-O-α-L-아라비노푸라노실(1→6)-β-D-글루코피라노사이드], 20S-프로토파낙사다이올-3-[O-β-D-글루코피라노실(1→2)-β-D-글루코피라노사이드]-20-[O-β-D-글루코피라노사이드]이다.

2종류 진세노사이드의 특징

진세노사이드-Rb2(아라비노피라노사이드)와 진세노사이드-Rc(아라비노푸라노사이드)가 같은 식물에 공존한다는 것은 매우 흥미롭다(**그림 14-7**).

제 15 장

Triol-type 인삼 사포닌의 화학 구조 해석 완성

....

제14장에서는, 인삼 뿌리(Panax ginseng C.A. MEYER의 뿌리)에서 얻은 5가지 사포닌인 진세노사이드-Ro, -Rb1, -Rb2, -Rc 및 –Rd의 정확한 화학 구조를 확정하였다(제14장). 더 나아가, 제11장에서 기술한 바와 같이 이미 1968년에, 20S-프로토파낙사트리올로 구성된 사포닌 중 하나인 진세노사이드-Rg1의 구조는 시바타 교수 그룹에 의해 **6,20-di-O-β-D-글루코실-20S-프로토파낙사트리올**로 미리 확정하였다.

본 장에서는, 진세노사이드 Rg1 외에 사포게닌(어글리콘)으로 20S-프로토파낙사트리올을 가지고 있는, 진세노사이드-Re, -Rf 및 –Rg2의 완전한 화학 구조 해석에 대한 것이다.

진세노사이드-Re, -Rf 및 -Rg2의 분리는 제8장에서 이미 기술하였다. 그들의 일반적인 특성은 **표 15-1**에 나와 있다. Diol-type 진세노사이드들에서처럼(제14장), 이들 진세노사이드들을 HCl-디옥산-물로 산 가수분해한 후 박층 크로마토그래피(TLC)를 실시하여 확인

표 15-1. Triol-type ginsenosides의 물리 화학적 특징들.

Ginsenoside	Properties	mp (℃)	(c in MeOH)	Formula	IR (KBr) cm^{-1}
Re	colorless needles (50% EtOH)	201-203	0--1.00° (1.00)	$C_{48}H_{82}O_{18}$	3380 (OH), 1620 (C=C)
Rf	white powder (acetone)	197-198	+6.99° (1.00)	$C_{42}H_{72}O_{14}$	3380 (OH), 1620 (C=C)
Rg_2	colorless needles (EtOH)	187-189	+5.00–6.00° (1.00)	$C_{42}H_{72}O_{13}$	3400 (OH), 1620 (C=C)

한 파낙사트리올을 얻었다. 그림 15-1은 파낙사트리올의 화학 구조다. 각 가수분해물의 수용성 분획은 TLC 및 기체-액체 크로마토그래피(GLC)로 검사했으며 그 결과는 표 15-2에 나와 있다.

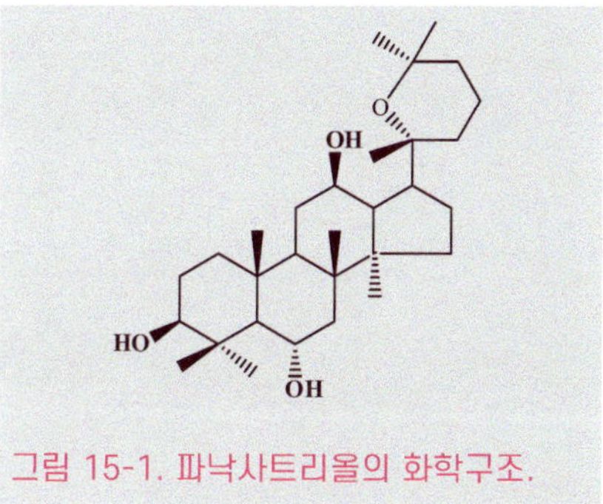

그림 15-1. 파낙사트리올의 화학구조.

Triol-type 인삼 사포닌의 당 결합 위치 결정 및 특징들

또한, 시바타 교수 그룹은 진세노사이드-Re, -Rf 및 -Rg2의 진짜 어글리콘은 **스미스 산화 분해법**Smith's oxidative degradation에 의해 20S-프로토파낙사트리올인 것으로 다시 확인하였다(그림 15-2).

표 15-2. Triol-type의 진세노사이드 산 가분 분해 결과 생긴 aglycone(사포게닌)과 당 생성물 종류.

Ginsenoside	Aglycone (Genuine aglycone)	Sugar component (mole)
Re	panaxatriol (20S-protopanaxatriol)	glucose (2), rhamnose (1)
Rf	panaxatriol (20S-protopanaxatriol)	glucose (2)
Rg2	panaxatriol (20S-protopanaxatriol)	Glucose (1), rhamnose (1)

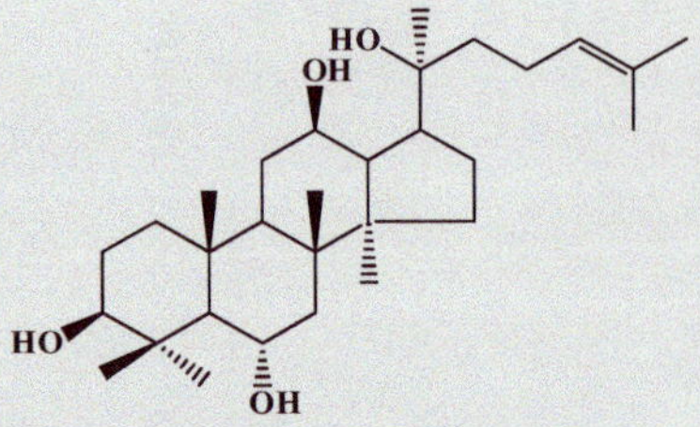

그림 15-2. 20(S)-프로토파낙사트리올의 화학 구조.

프로토파낙사트리올 생성법(제11장)

1) 제14장에서 기술한 바와같이, Diol-type 진세노사이드인 진세노사이드-Rb1, 진세노사이드-Rb2 및 진세노사이드-Rc를 수용성 아세트산으로 온도를 높이면서 처리하면 20-O-글리코실 부분(20-O-glycosyl moiety)이 쉽게 가수분해되고, diol-type의 프로사포게닌들이 만들어진다(제14장).

2) 이때 C20의 *tert*-하이드록실기(제12장)의 평형화된 R-form과 S-form의 에피머화가 수반된다고 보고하였다(제12장). 이런 현상은 토양 미생물이나 효소 처리에 의하여 diol-type 진세노사이드에서는 Compound K라는 프로사포게닌이 별도로 만들어지는 것과 다른 점이다(제13장).

3) Triol-type 진세노사이드들의 경우, 50% 아세트산으로 부분 가수분해하면 진세노사이드-Re는 먼저 프로사포게닌($C_{42}H_{72}O_{13}$, mp 187-189°)과 포도당을 생성한다(제13장). 이 결과는, 진세노사이드 Rg1처럼, 진세노사이드 Re는 C-20에 당이 결합되어 있을 수 있다는 증거를 제시한다. 반면에, 진세노사이드-Rf와 진세노사이드-Rg2의 경우, 진세노사이드 Re처럼 추가 글리코실 결합의 가수분해는 관찰되지 않았다. 즉, 진세노사이드 Re와 달리 진세노사이드-Rf와 진세노사

이드-Rg2는 C20에 당이 결합되어 있지 않다는 또 다른 증거다. 진세노사이드-Re의 프로사포게닌을 희석된 미네랄산dil. mineral acid으로 추가로 가순분해하면 파낙사트리올, 포도당 및 람노오스가 생성되었다. 따라서, 진세노사이드 Re는 진세노사이드 Rf와 Rg2와 비교할 때, 당의 숫자가 더 많을 수 있다는 것을 의미한다. 이와 더불어, TLC(플레이트: 실리카겔 H; 용매: 클로로포름: 메탄올: 에틸 아세테이트: 물=2: 2: 4: 1, Rf 0.25), 적외선(IR) 및 핵자기공명(NMR) 스펙트럼을 비교한 결과, 이 진세노사이드 Re에서 유도된 프로사포게닌은 진세노사이드-Rg2(또는 C-20 에피머 또는 두 이성질체의 혼합물)와 동일함을 알 수 있다. 이는 두 화합물의 O-메틸 유도체를 비교하여 추가로 확인되었다.

4) 이러한 연구 관찰 결과는, 진세노사이드-Rf 및 진세노사이드-Rg2의 C20에 위치하는 –OH group에 추가 글리코실 결합이 없다는 것을 의미한다. 또, 진세노사이드-Re는 그것의 프로사포게닌인 진세노사이드 Rg2의 C20에 글루코스가 결합된 20-O-글루코사이드가 될 것임을 의미한다.

5) 진세노사이드-Re, -Rf 및 -Rg2는 하코모리 방법으로 메틸화하였다(제14장). 이들 O-메틸화된 사포닌의 특성은 표 15-3에 있다. O-메틸화된 진세노사이드-Rf 및 진세노사이드-Rg2의 IR 스펙트럼 분석은 각각 3360 cm^{-1} 및 3400 cm^{-1}에서 –OH group(C12에 –OH group이 있다는 증거 제공) 흡수 대역을 보여준다(그림 15-3A). 프로토파낙사다이올 및 프로토파낙사트리올 유도체의 IR 스펙트럼이 조사하였다. C12 및/또는 C20에서 수소 결합된 하이드록실기의 최대 흡수가 있다. 그 이유는 진세노사이드 Rf와 진세노사이드 Rg2는 C20이 free –OH group를 가지고 있기 때문이다(그림 15-3A와 그림 15-3B).

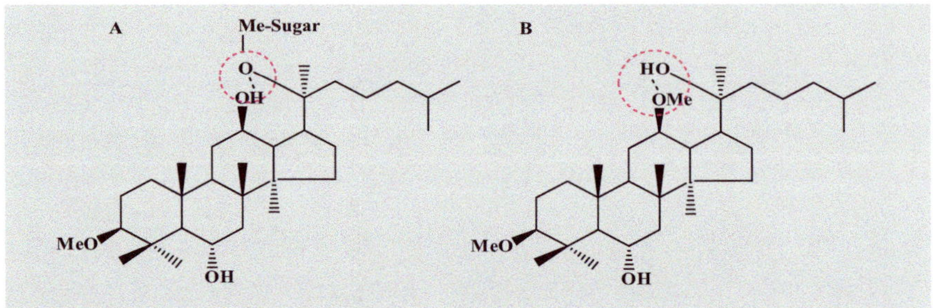

그림 15-3. Triol-type 진세노사이드들의 methylation(A)과 methanolysis(B)에 의하여 생성된 C3, C12-O-methyl-dihydroprotopanaxatriol의 화학구조. 또, C12의 MeO의 O 분자와 C20의 -OH group과 수소결합을 보여주고 있다.

6) O-메틸화된 진세노사이드-Rf 및 진세노사이드-Rg2의 IR 스펙트럼 분석에 대한 관찰은 하코모리 메틸화에 저항하는 하이드록실기가 각각 진세노사이드-Rf의 C20의 –OH group과 ginsenoside Rg2의 C20의 –OH group임을 보여준다. 그래서, 진세노사이드-Re는 C20의 하이드록실기에 당 성분을 가지고 있어서 메틸화가 이루어질 수 있지만, 진세노사이드-Rf 및 진세노사이드–Rg2는 C20에 글리코사이드 결합이 없음을 밝혀졌다(**그림 15-3**B).

시바타 교수 그룹은 촉매 환원에 의해, O-메틸진세노사이드-Re, -Rf 및 –Rg2는 각각의 디히드로 유도체를 준비하였다(**그림 15-3**A). 이를 가수분해하여 O-메틸디히드로 진세노사이드-Re, -Rf 및 -Rg2로부터 3,12-di-O-메틸디히드로프로토파낙사트리올이 형성되었음을 확인했다(**그림 15-3**B). 또, 진세노사이드 Rf와 Rg2의 C20은 C12와 수소 결합이 되어 있어서 메틸렌이션이 잘 안된 것이다(**그림 15-3**, red circles). 이 결과는 진세노사이드 Re는 C6와 C20은 당이 결합되어 있다는 것을 의미한다(**그림 15-4**).

7) O-메틸화된 진세노사이드-Rf 및 진세노사이드–Rg2는 C20에 하나의 자유 하이드록실기가 존재한다는 점을 고려하여, 염화수소

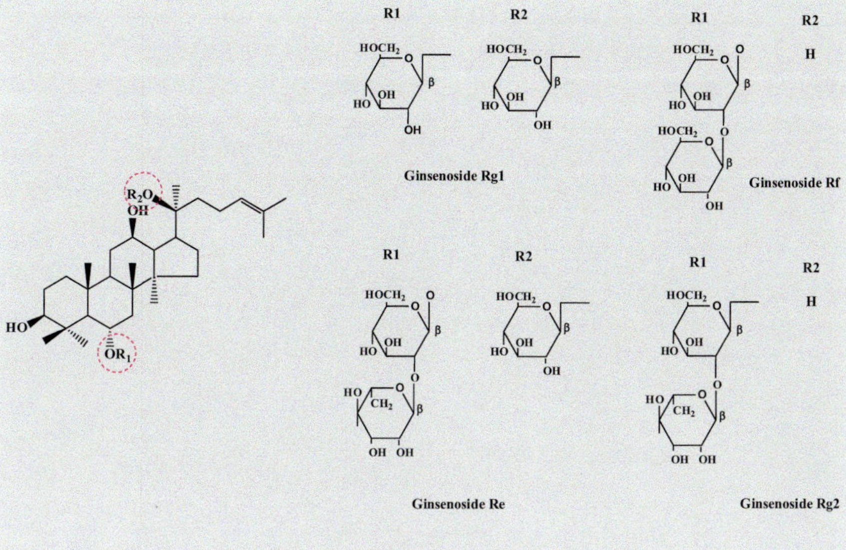

그림 15-4. Triol-type ginsenosides의 완전한 화학 구조.

(HCl)를 이용한 O-메틸화된 진세노사이드-Re, Rf 및 -Rg2의 메탄올 분해를 수행하여 TLC 및 GLC로 O-메틸레이션된 단당류를 조사했다. 그 결과, O-methylginsenoside-Re로부터 methyl 2,3,4,6-tetra-O-methylglucoside, methyl 3,4,6-tri-O-methylglucoside 및 methyl 2,3,4-tri-O-methylrhamnoside를 얻었다.

O-methylginsenoside-Rf로부터 methyl 2,3,4,6-tetra-O-methyl glucoside 및 methyl 3,4,6-tri-O-methylglucoside을 얻었고, O-methylginsenoside Rg2로부터 methyl 3,4,6-tri-O-methylglucoside 및 methyl 2,3,4-tri-O-methylrhamnoside의 형성이 증명되었다.

진세노사이드-Re, -Rf 및 -Rg2의 포도당 배열은 NMR 스펙트럼 분석에서 아노머 양성자 신호의 결합 상수(J=7Hz)에 의해 밝혀졌다. 반면, 진세노사이드-Rg1([M]D=+240.3°)과 진세노사이드-Re([M]

표 15-3. Methylated triol-type ginsenosides의 특징들.

O-Methylated ginsenoside	Properties	(c in MeOH)	Formula	IR in CCl_4 (cm^{-1}) OH band	NNR Anomeric proton (δ)
Re	crystalline powder (MeOH)	+0.58° (1.02)	$C_{60}H_{106}O_{18}$	-	4.40(1H(d) J=7 Hz) 4.60(1H(d) J=7 Hz) 5.31(1H (broad s))
Rf	Crystalline bundles (hexane)	+0.30° (0.99)	$C_{51}H_{90}O_{14}$	3360	4.39(1H(d) J=7 Hz) 4.77(1H(d) J=7 Hz)
Rg_2	Colorless plates (EtOH)	±0.00° (1.00)	$C_{50}H_{88}O_{13}$	3400	4.24(1H(d) J=7 Hz) 4.60(1H(d) J=7 Hz) 5.31(1H (broad s))

D=0~9.47°) 사이의 분자 광학 회전 차이는 240.3~249.77°로 진세노사이드-Re에서 L-람노피라노사이드의 α 배열을 보여주었다. 따라서 진세노사이드-Rg2의 L-람노피라노사이드의 α 배열로 추론되었다.

그래서, 진세노사이드-Re, 진세노사이드-Rf 및 진세노사이드-Rg2의 화학 구조는 각각 20S-프로토파낙사트리올-6-[O-α-L-람노피라노실(1→2)-β-D-글루코피라노사이드]-20-O-β-D-글루코피라노사이드, 20S-프로토파낙사트리올-6-O-β-D-글루코피라노실-(1-2)-β-D-글루코피라노사이드 및 20S-프로토파낙사트리올-6-O-α-L-람노피라노실(1→2)-β-D-글루코피라노사이드로 확정하였다.

제 16 장

시바타 쇼지 교수 그룹의 인삼 사포닌 화학 구조 해석 성공과 엘리아코프 박사 그룹의 인삼 사포닌 화학 구조 해석 실패 원인 분석

....

시바타 교수 그룹과 엘리아코프 박사 그룹 사이의 인삼 사포닌의 화학 구조를 밝히는 경쟁은 1962년 처음 시작되었다. 먼저, 엘리아코프 박사 그룹에서 panaxoside A와 panaxoside-B라는 인삼 사포닌을 분리했다고 보고했다. 이어서 4종류의 panaxoside C-F를 추가 분리하였다고 보고하였다. 총 여섯 종류의 인삼 사포닌을 분리하고 이름을 붙였다. 같은 연도에 시바타 교수 그룹은 인삼 사포닌 강산 가수분해 산물인 사포게닌을 분리하고 파낙사다이올panaxadiol이라고 부르고, 그 물질의 화학 구조를 처음 제안하였다(제4장). 즉, 두 연구 그룹에서 인삼 사포닌 화학 구조 규명이라는 큰 주제를 가지고 연구를 시작한 연도는 같았다.

그러나, 시간이 지나면서, 두 연구 그룹에서 발표하는 논문들을 분석하여 보면 차이가 있다. 시바타 교수 그룹은 인삼 사포닌의 골격 구조를 먼저 밝히는 과정부터 시작하여 순차적으로 차근차근 파낙사다이올의 입체 화학 구조를 결정하면서, 오류가 생기면, 그 오류(파낙사다이올은 프로토파낙사다이올의 인공 산물이라는 것 규명, C17의 입체 구조를 *cis* form에서 *trans* form로 수정, 또 C20의 epimer가 생기는 이유 규명을 통한 20S-epimer 확정)를 바로 잡아가는 과정을 밟았다. 그러면서, 인삼 diol-type과 triol-type 사포게닌, diol-type과 triol-type의 프로토사포게닌과 인삼 사포닌의 완전한 화학구조를 순차적으로 밝힌다. 그에 대한 증거로, 시바타 교수 그룹에서 발표한 논문들을 보면, 후속 많은 논문들이 그 전에 발표했던 연구 내용들이 조금씩 겹치면서 후속 논문에서 앞의 발표보다 조금씩 더 진전된 결과들을 논문에 발표하였다. 즉, 시바타 교수 그룹은 이미 발표한 실험 결과들을 다시 재현하면서, 기존의 발견 내용에 추가로 새로운 결과들을 보태는 형식으로 진행하였다. 요약하면, 시바타 교수 그룹은 인삼 사포게닌 분리 및 입체 구조 확정 → 수정 과정 → 인삼 프로사포게닌 화학구조 확정 → 인삼 사포닌 화학구조 확정의 순서로 진행하였다. 그에 반하여 엘리아코프 박사 그룹이 발표한 논문들을 보면, panaxosides 라고 부르는 6종의 인삼 사포닌 분리 → panaxoside 당 위치 결정 → 사포게닌 화학구조 결정의 순서로 진행한 것으로 나온다. 러시아 엘리아코프 박사 그룹은 시바타 교수 그룹보다 인삼 사포닌을 먼저 분리했지만 그 인삼 사포닌 구조가 완전한 것은 아니었다. 최종 인삼 사포닌을 분리하고 구조를 완전하게 해석한 공로는 시바타 교수 그룹으로 넘어간다. 그 이유는 자기들이 분리하고 처음 제안한 인삼 사포닌의 화학구조가 잘못된 것과 그것에 기인하여 사포게닌의 구조 제안이 후속 연구에도 영향을 미쳐 연속적으로 잘못된 것에 기인한다. 즉, 불완전한 인삼 사포닌 화학 구조라는 처음 시작의 단추를 잘못 끼우는 바람에 후속 연구 결과들도 연속해서 오류를 범하는 결과를 초래하였다고 생각된다.

인삼 사포닌의 화학구조를 밝히는 과정에서, 약 60년 전에 두 연구 그룹 수행했던 접근 방법 차이가 결과적으로 큰 차이를 유도할 수 있음을 보여주는 좋은 사례라고 볼 수 있다. 독자 여러분들도, 연구자 여러분들의 연구 과정에서 새로운 화합물을 찾았을 때, 그것의 완전한 화학구조를 밝히는 과정에 어떤 방법들을 적용해야 하는 가에 대하여 참고할 만한 중요한 정보를 제공한다고 본다.

다만, 엘리아코프 박사 그룹이 남긴 업적은 인삼 사포닌의 불완전한 3차구조 결정을 통해서 얻은 업적에 만족해야 했다(본 책 표지).

1960년 초반부터 1970년도 초반까지, 인삼 사포닌 화학구조를 밝히는 과정에서 일본의 시바타 교수 그룹과 러시아의 엘리아코프 박사 그룹 간 쟁점 3가지 예를 들어본다. 러시아의 엘리아코프 박사 그룹과 일본의 시바타 교수 그룹간의 인삼 사포닌 화학 구조를 밝히는 과정에서 3가지 논쟁거리가 생긴다.

1) 파낙사트리올의 3번째 –OH group 위치에 대한 논쟁 측쇄: 트리메틸-테트라하이드로피란 고리(ring) 형성 과정과 연계

Diol-type 사포닌에 비하여 triol-type 인삼 사포닌 가수분해 산물로서 나오는 사포게닌인 파낙사트리올은 파낙사다이올보다 –OH group을 하나 더 가지고 있다(제11장). 두 연구 그룹 사이에 파낙사트리올의 추가된 –OH group 위치에 대한 논쟁이 1970년 제10차 태평양 과학회의 때 일어났다.

즉, 시바타 교수 그룹은 파낙사트리올에서 유도한 mono-ketone 유도체의 NMR 및 ORD 분석 결과와 Wolff-Kishner reduction(환원)에 대한 저항성 등의 성질이 제오리논zeorinone의 성질과 비교될 수 있는 점에 의하여 C6의 –OH group의 입체 구조를 α–OH로서 확정하였다(자세한 설명은 제11장).

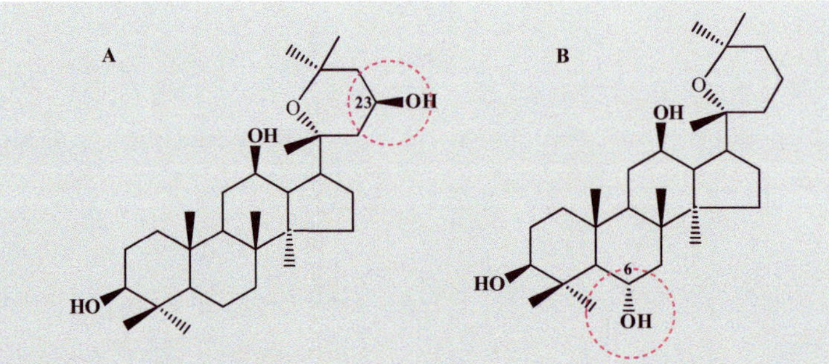

그림 16-1. 엘리아코프 박사와 시바타 교수가 주장한 파낙사트리올의 화학 구조. 엘리아코프 박사는 파낙사트리올의 3번째 -OH group은 C23에 존재한다고 주장하였다(A). 반면에 시바타 교수 그룹은 3번째 -OH group은 C6에 위치한다고 주장하였다(B). Text에 기술한 바와같이, trimethyl-tetrahydropyrane ring은 diol-type 사포게닌과 triol-type 사포게닌에 모두 공통적으로 존재하는 것으로 나타나 시바타 교수 그룹이 맞는 것으로 나타났다(제13장).

그러나, 엘리아코프 박사그룹은 파낙사트리올의 구조로서 파낙사다이올에 비하여 측쇄 부분에 공액 불포화 결합을 가진 구조를 제안하였다. 이런 구조가 인삼 사포닌의 산 분해하는 동안에 측쇄 부분의 폐환(closing)과 동시에 불포화 결합에 수화가 발생해서 파낙사트리올 중에 있는 제3의 –OH group가 생기는데, 그 –OH group의 위치는 trimethyl-tetrahydropyrane 고리의 C23이라고 주장했다(**그림 16-1**A).

시바타 교수 그룹은 엘리아코프 박사 그룹의 주장에 대하여 반론을 다음과 같이 제기하였다. 즉, panaxadiol과 panaxatriol을 mass로 분석하면, 둘 다 측쇄 부분에서 생성된 같은 분자량의 m/e 127이 기본 base peak으로 나타나는 것이 관찰하였다(제11장). 이를 근거로 엘리아코프 박사 그룹 주장을 반박하였다(**그림 16-1**B). 만약에 엘리아코프 박사 그룹이 trimethyl-tetrahydropyrane 고리(ring)에 –OH group이 존재하는 것이 맞다면, –OH group이 추가되어 m/e 127이 아니고 더 큰 것으로 나와야 하는 그렇지 않았다. 그래서, 엘리아코프 박사 그룹이 자기들이 주장한 C23의 –OH group이 위치하고 있다는 주장을 철회하고 시바타 교수 그룹의 주장인 C6 위치가 맞는 것으로 동의하였다.

2) 프로토파낙사트리올의 화학 구조와 C20의 epimerization되는 과정에서의 화학 구조 변화.

엘리아코프 박사 그룹은 **그림 16-2**A의 프로토파낙사트리올 화학 구조를 제안하였다. 시바타 교수 그룹은 **그림 16-2**B의 프로토파낙사트리올 화학구조를 제안하였다. 두 그룹이 제안한 protopanaxatriol의 화학 구조를 분석한 결과 protopanaxatriol의 backbone에는 이중 결합이 없는 것으로 밝혀졌다. 다만, 측쇄 C24에 이중 결합이 있는 것으로 밝혀졌다. 또, 엘리아코프 박사 그룹은protopanaxatriol의 구조가 산 촉매로 인하여 에피머화epimerization가 일어나는 현상에서 아이디어를 얻어 진짜 어글리콘aglycone의 측쇄 구조를 제안했다(**그림 16-2**). 그러나, 시바타 교수 그룹은 엘리아코프 박사 그룹 주장에 대하여 다음과 같이 반박하였다. C20 위치에 –OH group이 없는 화학구

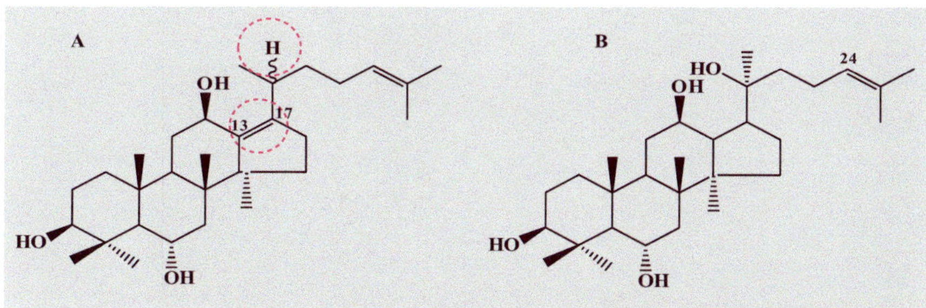

그림 16-2. 엘리아코프 박사는 4번째 고리(ring)에 이중 결합(C13과 C17) 존재를 주장하였다. 그러나, 시바타 교수 그룹은 측쇄(C24)를 제외하고는 골격 구조에는 이중 결합이 존재하지 않는다고 주장하였다. 최종 분석 결과 시바타 교수 그룹이 맞는 것으로 결론지었다.

조에서 NMR을 분석은 C20의 CH_3의 methyl signal은 doublet가 예상되지만, 실제로는 singlet으로 나온다는 사실을 지적하였다. 이에 엘리아코프 그룹은 두 번째로 시바타 교수 그룹에 제안한 구조에 동의했다(**그림 16-2**B).

3) 진세노사이드 Rg1(시바타 교수 그룹)과 panaxoside A(엘리아코프)의 진세노사이드 Rg1의 당의 결합 위치와 당의 숫자

엘리아코프 박사 그룹이 분리한 인삼 사포닌을 panaxoside A부터 panaxoside F까지 6종류의 개별 인삼 사포닌을 분리했다고 주장하였다. Panaxoside A와 panaxoside B는 다른 panaxosides에 비하여 –OH group이 하나 더 있다고 주장했다. 엘리아코프 박사 그룹이 panaxoside A는 시바타 교수 그룹이 분리한 ginsenoside Rg1과 같은 화합물로 나타났다. 엘리아코프 박사 그룹은 panaxoside A에 결합한 당은 3개라고 주장한 반면에(**그림 16-3**A), 시바타 교수 그룹은 2개라고 주장하였다(**그림 16-3**B). 골격 구조에 당이 결합된 위치도 두 그룹

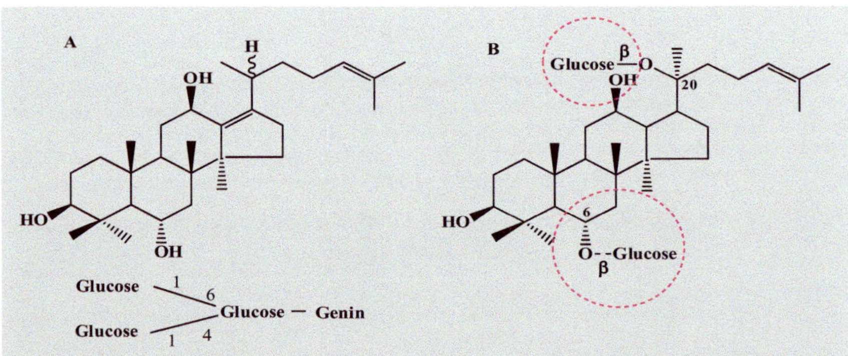

그림 16-3. 엘리아코프 박사와 시바타 교수 그룹 사이에 진세노사이드 Rg1에 부착된 당의 숫자와 위치에 대한 차이. 엘리아코프 박사는 진세노사이드 Rg1의 당의 숫자는 3개이라고 주장했지만(A), 정확한 위치는 지정하지 않았다. 반면에 시바타 교수 그룹은 진세노사이드 Rg1에 결합된 당이 2개로 숫자와 위치를 명확하게 지정하였다(red circles). Tetrahedron Letters, 27, 881 (1971).

사이에서 달랐다. 시바타 교수 그룹은 엘리아코프 박사 그룹이 주장한 진세노사이드 Rg1(=panaxoside A)의 화학 구조를 완전하게 밝히고 나서 엘리아코프 박사 그룹이 주장한 panaxoside A의 화학 구조가 틀렸음을 아래와 같이 증명하였다.

즉, 인삼 사포닌이나 다른 식물에서 유래한 사포닌glycosides의 당 결합에 대한 정보를 얻는데 사용하는 방법은 Hakomori 방법을 사용하여 왔다(제14 및 제15장). 시바타 교수 그룹도 인삼 사포닌인 진세노사이드 Rg1를 permethylation을 실시하였다. 이를 가수분해하여 즉 methanolysis를 실시하여 얻어지는 –OH group이 methylation된 당(=methyl-sugar)을 GLC로 분석하여 당의 구조를 결정하고, 메틸화된 aglycone의 산화하여 얻어지는 ketone body의 위치를 분석하여 당의 결합 위치를 파악할 수 있다(제14장). 시바타 교수 그룹은 이 방법을 이용하여 인삼 진세노사이드 Rg1에 당이 결합된 위치를 결정하였다(제11장). 이 결과에 대한 엘리아코프 박사그룹은 동의하여 자기들이 주장한 panaxoside A의 당의 숫자 및 결합 위치에 대하여 철회하였다.

엘리아코프 박사 그룹이 인삼 사포닌 화학 구조를 연구하면서 제안(주장)했던 3번의 인삼 사포닌의 골격 구조 및 인삼 사포닌 화학 구조는 모두 시바타 교수 그룹이 주장했던 것과 달랐다. 학술회의에서 혹은 두 연구 그룹 간에 사적인 communication을 통해 모두 시바타 교수 그룹이 주장한 것들이 모두 맞은 것으로 나타났다. 이렇게, 러시아 과학자들도 나름대로 열심히 연구하여 인삼 사포닌의 화학 구조를 밝히려고 노력은 했다. 그러나, 자기들이 제안한 인삼 사포닌 화학 구조가 오류인 것을 확인하여 포기하고 경쟁 연구자의 연구 결과를 받아들려야 하는 상황에 이르게 되었다. 그러면, 왜 러시아 연구자들은 실패했는가에 대한 이유를 나름대로 정리하여 보았다.

시바타 쇼지 교수 그룹의 인삼 사포닌 화학 구조 해석 성공과 엘리아코프 박사 그룹의 인삼 사포닌 화학 구조 해석 실패 원인 분석

엘리아코프 박사 그룹이 인삼 사포닌 구조 규명에 실패한 원인에 대하여, 국내에서 인삼 사포닌 분리 및 화학 구조 규명을 수행했던 한병훈 교수는 다음과 같이 의견을 제시하였다. 엘리아코프 박사 그룹은 그들이 인삼에서 인삼 사포닌을 분리하고 이름을 붙인 panaxoside A가 완전히 순수하게 정제 분리한 것이 아니었을 것으로 예상하였다. 엘리아코프 박사 그룹이 분리한 panaxoside A가 순수하지 않아 이중결합double bond이 존재하는 것으로 나타나고, 그로 인한 UV 흡수가 관찰되는 것으로 나타났다(그림 16-2A). 그 결과, panaxoside A의 산 가수분해를 통하여 얻은 사포게닌 혹은 프로사포게닌의 화학 구조를 연구하더라도 정확한 정보를 얻을 수 없었을 것이다. 또, panaxoside A의 아세틸레이션한 후 acetyl-group의 원소분석이 정확하지 않아 해석을 잘못한 것이다. 한병훈 교수 연구팀의 주장에 대한 근거로 그는 자신이 분리한 panax saponin A(panax saponin A는 시바타 교수 그룹이 분리한 ginsenoside Rg1과 같은 것으로 판명됨)를 순수 분리하였다고 생각하여(즉, TLC상에서 single spot으로 나타남) UV 분석을 실시할 경우, 엘리아코프 박사 그룹과 유사하게 전형적인 homo-annular conjugated double bond에 해당하는 UV 흡수 관찰되었다(그림 16-2A). 그러나, panax saponin A를 결정화해서 분리한 다음에 다시 분석할 경우, 이 double bond UV 흡수가 사라진 경험이 있음을 보고하였다.

제 17 장

시바타 쇼지 교수가 개최한 국제 인삼 세미나

1989년 4월 일본 동경대에서 개최된 국제 인삼세미나 Proceeding 내용을 묶어서 1990년 책의 형태로 출간하였다. 시바타 쇼지 교수가 출간한 논문들을 제외하고, 인삼에 관하여 출간한 유일한 책이다(그림 17-1).

그림 17-1. 1989년 4월 1일 동경대에서 5개국 과학자들이 참가한 국제 인삼 세미나(International Ginseng Seminar) 학술대회 발표 내용들(proceeding)을 편집하여 1990년 책으로 출간한 표지.

Recent Advances in Ginseng Studies 소개

Preface

Ginseng is known as one of the most precious drugs in Chinese traditional medicine since it was recorded in Chinese Medica 2000 years ago, but its efficacy had long remained obscure in the past. It was believed to be an elixir, in other word cure-all and tonic, and on the other hand, **it was disregarded as entirely psychic especially by the scientists and medical doctors in the western world.**

For the past few decades, scientific investigations on ginseng and its congeners have remarkably been advanced not only by the scientists in the eastern Asia, the native place of ginseng, but also by the scientists outside of this region. At present ginseng is one of the most deeply and widely investigated herb drugs among those currently used both in traditional and modern medicine.

The major objective of this international seminar is to review the recent progress of ginseng research, to promote the international exchange of ideas and to encourage the future development of the ginseng studies and applications.

The organizers of this seminar would like to express heartly welcome and thanks to the guest speakers, especially those who came all the way from overseas countries to attend this meeting. Thanks are all due to the financial supporters having made this international seminar materialized.

Tokyo April 1, 1989
Shoji Shibata
Yasuo Ohtsuka
Hiroshi Saito
Organizers International Ginseng Seminar

번역문

서문

인삼은 2000년 전 중국 의학에 기록된 이래 중국 전통 의학에서 가장 귀한 약 중 하나로 알려져 있지만, 과거에는 그 효능이 오랫동안 불분명했습니다. 인삼은 영약, 즉 만병통치약으로 여겨졌지만, 다른 한편으로는, **서양의 과학자와 의사들은 인삼의 효능이 심적인(영적인) 것에서 유래한 것으로 여겨 완전히 무시했습니다.**

지난 수십 년 동안 인삼과 그 동족체(congeners)에 대한 과학적 연구는 인삼의 본고장인 동아시아의 과학자들뿐만 아니라 이 지역 외의 과학자들에 의해서도 놀랍도록 발전해 왔습니다. 현재 인삼은 전통의학과 현대의학에서 모두 사용되는 약초 중 가장 깊고 널리 연구되고 있는 약초 중 하나입니다.

이 국제 세미나의 주요 목표는 인삼 연구의 최근 진행 상황을 검토하고, 국제적인 아이디어 교환을 촉진하며, 인삼 연구와 응용의 미래 발전을 장려하는 것입니다.

이번 세미나의 주최 측은 초청 연사들, 특히 해외에서 이 회의에 참석하기 위해 멀리 와주신 분들께 진심으로 환영과 감사의 말씀을 전하고 싶습니다. 이 모든 것은 재정적 지원자들이 이 국제 세미나를 실현해 주신 덕분입니다.

1989년 4월 1일 도쿄
시바타 쇼지
오츠카 야스오
사이토 히로시

주최: 국제 인삼 세미나

시바타 쇼지 교수가 가지고 있는 인삼 효능에 대한 생각

위의 내용은 시바타 쇼지 교수가 이 프로시딩의 조직 위원회 대표(organizer)로 작성한 국제 인삼 세미나의 서문이다. 서문 내용으로 봐서 시바타 쇼지 교수와 다른 일본 연구자들도 서양인(서양 사회)의 인삼 효능에 대한 인식이 어떤 가를 알고 있었다는 것을 엿볼 수 있다(더 자세한 내용은 월드와이드 인삼의 조건, 2025년 참조). 서양인이 가지고 있는 인삼에 대한 인식을 극복하기 위하여 인삼 사포닌 구조를 밝힌 것으로 예상된다. 또 다른 일본의 다른 연구자들도 인삼에서 분리된 인삼 사포닌을 이용하여 인삼의 생리학적·약리학적 효능 연구를 실시하였다(조선인삼비사, 2025년 참조). 그러나, 20세기에 분리된 인삼 사포닌 중심만으로 서양인의 인삼 효능에 대한 인식을 극복하는 데 성공하지 못했다.

또, 그가 출간한 프로시딩의 맨 마지막 마무리 14장 제목: "Future Development of Ginseng Studies"-Closing remark for the International Ginseng Seminar–at University of Tokyo, April, 1989. 내용 중에 아래와 같은 문장이 있다. 시바타 쇼지 교수는 인삼의 효능에 대하여 아래와 같은 자신의 의견을 보여주었다.

"Ginseng does not directly cure a certain disease, but it might tend to cure the declined condition of body. In current western medicines there is no such a restorative remedy. In this connection, there is a possibility of using its principles to restore the deteriorated functions of the aged people."

"인삼은 특정 질병을 직접적으로 치료하지는 않지만, 신체의 저하

된 상태를 치료하는 데에는 효과가 있을 수 있습니다. 현재 서양 의학에는 그러한 회복제가 없습니다. 이러한 맥락에서 인삼의 원리를 활용하여 노인의 저하된 기능을 회복시킬 가능성이 있습니다."

위 내용에서 알 수 있듯이, 시바타 쇼지 교수는 인삼은 치료제로 활용하기보다, 나이로 인하여 쇠약해진 신체의 기능을 회복시키는 자양강장제(tonic)로 활용할 수 있다고 자신의 의견을 피력하고 있다.

지금은 21세기다. 고려인삼의 진정한 세계화를 위하여 서양인(서양 사회)이나 일본인 과학자들이 가지고 있던 고려인삼의 효능에 대한 잘못된 인식을 바꾸도록 노력해야 한다. 그러기 위해서는 고려인삼도 전통적인 제품 생산 방식과 자양강장제라는 획일적인 효능(one-size-fits-all) 중심에서 21세기 소비자 트렌드가 요구하는 고려인삼의 기능성 생리활성 성분 중심의 precision wellness로 전환을 빨리 모색해야 한다. 즉, 단순 고려인삼 추출물의 고전적인 general tonic에서 precise ginseng component(s)를 이용한 기능 및 효능 맞춤형 제품 개발로 이어져야 한다.

후 기

저자는 1992년 봄에 opioid receptor 연구 주제로 박사학위를 받았다. 나의 인삼 연구 첫 출발점은 그해 가을 미국 워싱턴 대학(St. Louis 소재)에서 박사후 연구원으로 근무하면서였다. 홍삼 조사포닌 분획과 진세노사이드 Rf가 신경 세포막에 존재하는 칼슘 이온 통로에 미치는 영향에 대한 연구를 시작하면서 문헌을 통하여 인삼 사포닌(진세노사이드)에 대한 정보를 처음 접했다. 일본 과학자들이 어떻게 인삼에서 사포닌을 분리하고 화학 구조를 밝혔을까? 궁금했었다. 저자가 인삼 연구 연구를 시작한 지 약 34년 만에, 그 궁금증을 본 저서를 통하여 풀어서 매우 기쁘게 생각한다. 또, 저자가 가지고 있는 화학 지식을 동원하여, 시바타 쇼지 교수 그룹이 인삼 사포닌 화학 구조를 처음으로 밝히기 위하여 어떤 과정을 밟아왔는지 보여주고 싶었다. 이 책을 통하여 내가 과거에 가졌던 궁금증과 마찬가지로, 인삼을 연구하는 연구자(독자)들이 가질 수 있는 궁금증을 풀 수 있는 기회를 제공하게 되어 마음이 뿌듯하다.

저자는 시바타 쇼지 교수가 1960년 초반부터 1970년 초반까지 10년 이상 인삼 사포닌 화학구조를 밝히기 위하여 발표한 논문(자료)들을 모으고, 읽어보고, 해석하면서 그가 수행했던 전 과정을 추적하였다. 시바타 쇼지 교수가 인삼 사포닌 화학 구조를 밝히는 과정에서 만들어진 중간 유도체들이나 인삼 사포닌 화학 구조는 원본을 복사해서 그림으로 그대로 사용하지 않았다. 그 이유는 1960~1970년대 그가 출간한 논문들마다 화학 구조 관련 그림 형태(format)가 달랐다. 독자들이 이해하기 쉽게 원본 그림들을 통일해서 다시 그리고 또, 화학 구조 구별이 필요하거나 중요하다고 생각되는 것은 화학 구조식에 붉은 점선 원으로 표시하였다. 본 책은 저자가 출간한 다른 책들에 비하여 볼륨은 작지만, 화학 구조를 그리는데 많은 시간과 정성이 들어갔다.

지금은 분석 기기의 발달로 시바타 쇼지 교수 그룹이 활용했던 노동 집약적이고 복잡한 방법을 사용하지 않고도, 천연물에서 새로운 물질의 화학 구조를 밝히는데 시간이 짧아지고 있다. 인삼 연구자 외에 다른 천연물 존재하는 신물질을 연구하는 연구자들이 새로운 물질을 분리하고 화학 구조를 밝히는데, 본 저술이 하나의 작은 참고문헌으로 보탬이 되었으면 한다.

[부 록]
인삼 사포닌 분석에 사용된 장기, 화학 분석 방법 및 시약 참고 자료

....

Melting point(m.p.)

녹는점은 고체 물질이 액체 상태로 변하는 온도를 의미한다. 즉, 고체와 액체가 평형 상태를 이루는 온도이다. 반대로, 액체가 고체로 변하는 온도는 어는점 또는 빙점이라고 한다.

녹는점은 물질의 고유한 특성으로, 물질의 종류에 따라 다르다. 예를 들어, 물의 녹는점은 0℃이고, 철의 녹는점은 1538℃다. 녹는점은 순수한 물질에서 정의되며, 혼합물의 경우 녹는점은 단일 온도가 아닌 녹는점 범위를 가질 수 있다. 또한, 녹는점은 압력에 따라 달라질 수 있다. 일반적으로 압력이 증가하면 녹는점도 증가하지만, 물과 같이 부피가 팽창하는 물질은 압력이 증가하면 녹는점이 낮아진다. 녹는점은 물질의 물리적 특성을 파악하는 데 중요한 지표이며, 물질의 상태 변화, 조성 분석, 물질의 순도 확인 등에 활용된다.

질량 스펙트럼(mass spectrum)

질량 스펙트럼(mass spectrum)은 질량 대 전하 비율(m/z)에 대한 이온의 상대적 풍부도를 나타내는 그래프다. 질량 분석법(mass spectrometry)에서 얻어지는 데이터로, 시료 내의 분자나 분자 조각들의 질량 정보를 제공한다.

이를 통해 물질의 종류와 구조를 식별하고 정량 분석을 할 수 있다.

적외선 분광법(Infrared Spectroscopy, IR 분광법)

물질에 적외선(IR)을 쏘아 흡수된 빛의 파장(또는 파수)을 분석하여 분자의 작용기나 구조를 파악하는 분석 방법이다. 분자는 고유한 진동을 하는데, 특정 적외선이 특정 진동을 가진 분자에 의해 흡수되는 원리를 이용하며, 이를 통해 고체, 액체, 기체 등 다양한 형태의 물질을 분석할 수 있다.

IR 스펙트럼은 적외선 분광법(Infrared Spectroscopy)을 통해 얻어지는 데이터로, 물질의 분자 구조를 분석하는 데 사용된다. 적외선 영역의 빛을 시료에 쪼여 물질의 진동을 유도하고, 이때 흡수되거나 투과되는 빛의 세기를 측정하여 스펙트럼 형태로 나타낸다.

IR 스펙트럼의 구성

가로축(X축): 파수(wavenumber) 또는 파장(wavelength)으로 표시되며, 적외선 영역의 에너지 레벨을 나타낸다.

세로축(Y축): 흡광도(absorbance) 또는 투과율(transmittance)로 표시되며, 시료가 적외선 빛을 얼마나 흡수하거나 투과하는지를 나타낸다.

IR 스펙트럼의 활용

분자 구조 분석: 각 분자는 고유한 진동 모드를 가지므로, 특정 파수에서 흡수 피크를 나타낸다. 이를 통해 분자 내 작용기(functional group)의 존재 유무를 파악하고, 분자 구조를 식별할 수 있다.

화학 반응 모니터링: 반응 과정에서 특정 작용기의 변화를 추적하여 반응 진행 상황을 파악할 수 있다.

품질 관리 및 오염 물질 검출: 제조 과정에서 사용되는 원료나 제품의 품질을 확인하고, 불순물이나 오염 물질을 검출하는 데 활용된다.

FT-IR: FT-IR(푸리에 변환 적외선 분광법)은 일반적인 IR 분광법보다 더 빠르고 정확하게 스펙트럼을 얻을 수 있는 기술이다.

IR 스펙트럼 해석: IR 스펙트럼은 복잡한 정보를 담고 있지만, 특정 파수 영역에서 나타나는 주요 흡수 피크를 통해 분자 구조를 분석할 수 있다. 예를 들어, 3000 cm^{-1} 부근의 넓은 피크는 O–H 또는 N–H 결합, 1700 cm^{-1} 부근의 날카로운 피크는 C=O 결합, 1000 cm^{-1} 부근의 피크는 C-O 결합을 나타내는 등 특정 작용기들의 존재를 파악하는데 도움이 된다.

리버만-부르차르트 반응(Liebermann-Burchard reaction)

콜레스테롤과 같은 스테롤(sterol)을 검출하는 데 사용되는 화학 반응이다. 이 반응은 콜레스테롤이 클로로포름에 용해된 상태에서 무수 아세트산과 진한 황산을 반응시켜 나타나는 색 변화를 이용한다. 일반적으로 콜레스테롤은 진한 녹색으로 변한다. 이 과정에서 적자색, 자색, 청색을 거쳐 녹색으로 변하는 것을 관찰할 수 있다.

Wolff-Kishner reduction(환원)

유기화학에서 알데히드나 케톤의 카르보닐기를 메틸렌기($-CH_2-$)로 환원시키는 반응이다. 이 반응은 알데히드 또는 케톤을 히드라진(N_2H_4)과 반응시켜 히드라존을 형성하고, 이후 강염기 조건에서 가열하여 메틸렌기로 환원시키는 방식으로 진행된다. 특히, 클레멘슨 환원과 달리 염기성 조건에서 반응이 진행된다는 특징을 가진다.

2,4-Dinitrophenylhydrazine(DNPH) 비색법

특정 케톤 또는 알데히드 화합물과 반응하여 2,4-DNPH 유도체를 형성하고, 이 유도체의 양을 측정하여 해당 화합물의 농도를 결정하는 분석 방법이다. 주로 비타민 C, 포름알데히드, 플라보노이드 등 다양한 물질의 정량 분석에 활용된다.

입체 장애(steric hindrance)

분자 내 또는 분자 간의 큰 부피를 가진 원자나 작용기가 서로 가까이 접근하는 것을 방해하여 반응 속도를 늦추거나, 특정 반응이 일어나지 않게 하는 현상을 말한다. 이는 화학 반응에서 중요한 요인으로 작용하며, 분자의 구조와 반응성을 이해하는 데 필수적인 개념이다.

카르보닐기(Carbonyl group)

카르보닐기(Carbonyl group)는 유기화학에서 탄소 원자와 산소 원자가 이중 결합(C=O)을 형성하고 있는 작용기를 말한다. 이 작용기는 다양한 유기 화합물에서 발견되며, 알데하이드, 케톤, 카르복실산, 에스터, 아미드 등과 같은 화합물들의 구조적 특징을 나타낸다.

바이닐기(vinyl group) 또는 에테닐기(ethenyl group)

화학에서 바이닐기(vinyl group) 또는 에테닐기(ethenyl group)는 $-CH=CH_2$로 표시되는 작용기로, 에틸렌($H_2C=CH_2$) 분자에서 수소 하나가 없는 구조이다.

ORD(Optical Rotatory Dispersion) 곡선

정의: 화학에서 ORD(Optical Rotatory Dispersion) 곡선은 빛의 파장에 따른 물질의 광회전도(optical rotation) 변화를 나타내는 그래프이다. 키랄 물질의 광학적 성질을 연구하는 데 사용되며, 특히 흡수 파장 영역에서 중요한 정보를 제공한다.

키랄 물질: ORD는 키랄성, 즉 분자의 거울상 이성질체들이 서로 다른 광학적 성질을 갖는 현상을 연구하는 데 필수적이다.

흡수 파장 영역: ORD 곡선은 특히 물질의 흡수 파장 영역에서 유용한 정보를 제공합니다. 이 영역에서 물질은 빛을 흡수할 뿐만 아니라 편광 방향을 변화시키므로, ORD와 원형 이색성(CD)이 함께 관찰된다.

활용: ORD 곡선을 통해 물질의 구조와 광학적 성질을 분석하고, 물질의 광학 활성을 정량적으로 측정할 수 있다.

에테르 결합

탄소-산소-탄소(C-O-C) 구조를 가진 공유 결합을 말하며, 두 개의 탄소 원자가 산소 원자를 사이에 두고 결합된 형태이다. 에테르 결합을 갖는 화합물을 에테르라고 하며, 일반적으로 R-O-R' 형태로 표시된다. 여기서 R과 R'는 알킬기 또는 아릴기 등을 나타낸다.

페닐히드라진(phenylhydrazine) 반응

당과 반응하여 오사존(osazone)이라는 노란색 결정성 물질을 생성한다. 특히 환원당과 강하게 반응하며, 이 반응은 당의 종류를 구별하는 데 사용될 수 있다.

에스테르 결합과 에테르 결합

모두 산소 원자를 포함하는 공유 결합이지만, 결합 방식과 특성에 차이가 있다. 에스테르 결합은 카르복실산과 알코올이 반응하여 형성되는 결합으로, -COO- 형태를 가진다. 반면 에테르 결합은 탄화수소 두 개가 산소 원자를 통해 결합된 -C-O-C- 형태를 가진다.

트리테르페노이드(triterpenoids)

6개의 이소프렌 단위로 구성된 탄소수 30개의 화합물로, 주로 식물에서 발견되는 테르페노이드의 일종이다. 복잡한 고리 구조를 가지며, 방어 물질, 생리 활성 물질 등 다양한 용도로 사용된다.

자세한 설명

구조: 트리테르페노이드는 6개의 이소프렌 단위(C_5H_8)가 결합하여 형성된 탄소수 30개($C_{30}H_{48}$)의 화합물이다.

분포: 주로 식물에서 발견되며, 일부 균류나 동물에서도 발견될 수 있다.

기능: 트리테르페노이드는 식물의 방어 물질, 향기 성분, 색소, 생리활성

물질 등 다양한 역할을 합니다. 특히, 항염증, 항암, 항바이러스 효과와 같은 생리 활성을 가진 것으로 알려져 있다.

종류: 트리테르페노이드는 다양한 구조를 가지며, 대표적인 종류로는 사포닌, 스테로이드, 루페인 등이 있다.

활용: 트리테르페노이드는 의약품, 화장품, 식품 등 다양한 분야에서 활용된다. 특히, 트리테르페노이드 사포닌은 생리활성 물질로 주목받으며, 항염증, 항암, 항바이러스 효과를 가진 것으로 알려져 있다.

예시: 트리테르페노이드 사포닌: 식물에 함유된 당과 결합한 트리테르페노이드 화합물로, 항염증, 항암, 항바이러스 효과가 있는 것으로 알려져 있다. 사이클로알탄, 올레아난, 루페인: 트리테르페노이드의 대표적인 골격 구조이다.

마늘: 알리신, 알릴 설파이드 등 다양한 트리테르페노이드를 함유하고 있으며, 건강에 유익한 효과를 가진 것으로 알려져 있다.

테트라니트로메탄tetranitromethane

테트라니트로메탄(TNM)은 화학식 $C(NO_2)_4$를 갖는 유기 산화제다. 실험실에서는 유기 화합물의 이중 결합을 검출하는 시약과 질산화 시약으로 사용된다.

크롬산(Chromic Acid)의 주요 역할

크롬산은 강력한 산화제로서, 다양한 화학 반응에서 중요한 역할을 한다. 특히 유기 합성에서 알코올을 산화시키거나, 유리 기구를 세척하는 데 사용되며, 크롬 도금의 중간체로도 활용된다. 또한, 흑백 사진 반전 처리나 방부제 제조에도 사용되는 등 여러 분야에서 활용되는 물질이다.

크롬산(Chromic Acid)의 주요 역할

산화제: 크롬산은 강력한 산화제로서, 유기 화합물, 특히 알코올을 산화시

키는 데 사용된다. 예를 들어, 1차 알코올을 해당 알데히드로, 벤젠을 벤조산으로 산화시키는 반응에 활용된다.

분자 내 수소 결합(intramolecular hydrogen bonding)

한 분자 내에서 특정 원자(주로 수소 원자)와 다른 원자(주로 산소, 질소, 불소 원자) 사이에서 발생하는 수소 결합을 의미한다. 이는 분자 내에서 일어나는 상호작용으로, 분자간 수소 결합(intermolecular hydrogen bonding)과는 구별된다. 분자간 수소 결합은 서로 다른 분자들 사이에서 일어나는 수소 결합을 의미한다.

Cis와 Trans 입체 구조

"트랜스"와 "시스"는 유기화학에서 이중 결합을 가진 분자에서 나타나는 입체 이성질체(기하 이성질체)를 구분하는 용어다. 분자 내에서 동일한 작용기들이 이중 결합을 기준으로 같은 쪽에 위치하면 "시스(cis)", 반대쪽에 위치하면 "트랜스(trans)"라고 한다.

자세한 설명

시스(cis): 분자 내에서 이중 결합을 중심으로 특정 작용기들이 같은 방향으로 배치된 경우를 말한다. 예를 들어, 탄소 원자 두 개가 이중 결합으로 연결되어 있고, 각 탄소 원자에 각각 두 개의 동일한 작용기가 붙어 있는 경우, 이 두 작용기가 이중 결합을 중심으로 같은 쪽에 위치하면 시스 이성질체라고 한다.

트랜스(trans): 분자 내에서 이중 결합을 중심으로 특정 작용기들이 반대 방향으로 배치된 경우를 말한다. 위와 동일한 예시에서, 작용기들이 이중 결합을 중심으로 서로 다른 쪽에 위치하면 트랜스 이성질체라고 한다.

입체 이성질체: 분자식과 결합 순서는 동일하지만, 원자들의 공간적 배열이 다른 이성질체를 의미한다. 시스-트랜스 이성질체는 이중 결합이나 고리 구조 때문에 회전이 제한된 경우에 나타나는 입체 이성질체의 한 종류이다.

$LiAlH_4$ 환원

케톤과 알데하이드만을 환원시킨다. $LiAlH_4$ 굉장히 강한 환원제이다.

Dehydrochlorination(탈염소화)

Dehydrochlorination은 분자에서 염화수소(HCl)를 제거하는 화학 반응을 의미한다. 즉, 탄소-수소 결합에서 수소 원자와 탄소-염소 결합에서 염소 원자가 제거되어 탄소 원자 사이에 새로운 이중 결합이나 삼중 결합이 형성되는 과정이다.

리날룰(Linalool)

리날룰(Linalool)은 여러 꽃과 향신료 식물에서 발견되는 자연 발생 테르펜 알코올의 두 이성질체를 말한다. 주로 향기로운 특성 때문에 다양한 상업적 용도로 사용되며, 특히 향수 산업에서 널리 활용된다. 무색의 기름 형태이며 비순환 단일 테르페노이드 알코올로 분류된다.

에피머(epimer)

에피머는 입체화학에서 부분입체 이성질체 쌍 중 하나다. 두 이성질체는 입체 배치가 다른 하나의 카이랄 중심만을 가진다. 그 외 입체 중심이 더 있을 수는 있으나, 배치가 다른 입체 중심은 하나 뿐이며 그 외는 모두 같다. 독소루비신과 에피루비신은 서로 에피머이며, 약물로 사용된다. α와β 명칭은 이를 가리킨다. 에피머의 예시로는 β-D-글루코피라노스와 β-D-만노피라노스, α-D-글루코피라노스와 β-D-글루코피라노스 등이 있으며, 에피-이노시톨과 이노시톨, 리폭신과 에피리폭신도 에피머 관계이다. 에피머화는 한 에피머가 다른 에피머로 변환되는 화학 과정으로, 자연적으로 또는 효소의 촉매 작용으로 일어날 수 있다. 에피머화는 의약품 개발 과정에서 특정 에피머를 선택적으로 합성하거나 분리하는 데 활용된다. 글루코스와 갈락토스는 서로 에피머이다.

에피머화(epimerization)

에피머가 카이랄(chiral) 이성질체로 바뀌는 화학 과정을 뜻한다. 응축 탄닌의 탈 중합화 과정의 반작용으로 발생할 수 있다. 그리고 에피머화는 자발적으로 일어날 수 있으며, 보통 이러한 경우에는 느린 속도로 반응이 진행된다. 또한 효소의 촉매 작용으로 일어날 수 있다.

화학에서 inversion의 의미

분자 내에서 원자나 원자 그룹의 공간적 위치가 바뀌는 현상을 말한다. 특히, 입체 화학에서 중요한 의미를 가지며, 분자의 입체 구조가 변화하는 것을 의미한다. 일반적으로 분자 내 원자 또는 원자단의 공간적 배열이 뒤집히는 현상을 의미한다. 특히, 입체화학에서 특정 탄소 원자를 중심으로 치환기들의 배치가 거울상으로 바뀌는 "월든 역전"이 대표적인 예이다. 또한, 분자 내 반전 중심을 기준으로 모든 점들이 반대 방향으로 같은 거리만큼 이동하는 "반전 중심" 개념도 존재한다.

Configuration 공간적 배열

화학에서 'configuration'은 특정 분자 내 원자들의 3차원 공간적 배열을 의미한다. 즉, 분자를 구성하는 원자들이 공간상에서 어떤 위치에 배치되어 있는지를 나타내는 것이 configuration이다. 특히, 입체 이성질체(stereoisomer)와 관련하여 분자의 구조를 설명할 때 중요한 개념이다.

더 자세히 설명하면 다음과 같다.

입체 이성질체: 동일한 분자식을 가지지만, 원자들의 공간적 배열이 다른 분자들을 입체 이성질체라고 한다. 예를 들어, 분자 내 결합을 중심으로 회전하여 서로 다른 구조를 가지는 형태(conformer)와 달리, 입체 이성질체는 결합을 끊고 다시 연결해야만 다른 구조로 전환될 수 있다.

R/S configuration: 키랄 중심(chiral center)을 갖는 분자에서 사용되는 표기법으로, 분자의 입체 배치를 나타낸다. 키랄 중심에 결합된 원자들의 우선

순위를 정하고, 이를 기준으로 시계 방향(R, 라틴어 rectus) 또는 반시계 방향(S, 라틴어 sinister)으로 배열된 것을 표시한다. 이처럼 configuration은 분자의 구조와 성질을 이해하는 데 필수적인 개념이며, 특히 입체화학 분야에서 중요한 역할을 한다.

Pt 블랙(Platinum black)

백금 금속을 미세 분말 형태로 가공한 물질로, 촉매 특성이 우수하여 다양한 분야에서 활용된다. 특히 연료 전지, 전기화학, 촉매 점화 장치 등에 사용된다.

코튼 효과(Cotton effect)

광학적으로 활성인 분자의 흡수 띠 근처에서 나타나는 광학 회전과 원편광 이색성의 비정상적인 변화를 말한다. 즉, 빛의 파장이 특정 물질에 흡수될 때, 그 물질의 광학적 회전과 흡광도가 변화하는 현상을 의미한다. 이 현상은 특히 생체 분자나 착물과 같이 키랄성을 가진 분자에서 뚜렷하게 나타낸다.

코튼 효과의 특징

광학 활성: 코튼 효과는 분자가 광학적으로 활성, 즉 키랄성을 가질 때 나타낸다.

흡수띠 근처: 코튼 효과는 분자의 흡수띠, 즉 특정 파장의 빛을 강하게 흡수하는 부분 근처에서 가장 두드러지게 나타낸다.

광학 회전 변화: 흡수띠 근처에서 빛의 파장이 변함에 따라 광학 회전이 증가하거나 감소하는 현상을 보인다.

원편광 이색성: 흡수띠 근처에서 빛의 파장이 변함에 따라 빛의 흡광도도 달라지는 원편광 이색성이 나타낸다.

양/음 코튼 효과: 광학 회전이 먼저 증가하는 경우 양(+)의 코튼 효과, 감소하는 경우 음(–)의 코튼 효과라고 합니다.

코튼 효과의 활용: 코튼 효과는 생체 분자나 착물의 구조와 성질을 연구하는 데 유용한 도구로 활용된다. 특히 다음과 같은 분야에서 유용하게 사용된다.

단백질 구조 연구: 단백질의 2차 구조, 예를 들어 알파 나선이나 베타 병풍 구조의 분석에 활용된다.

유전체 연구: DNA, RNA와 같은 핵산의 구조 연구에 사용된다.

분자 구조 분석: 키랄 분자의 구조와 성질을 밝히는 데 활용된다.

의약품 개발: 의약품 후보 물질의 구조를 분석하고 최적화하는 데 사용된다.

코튼 효과의 예시: 단백질의 경우, 코튼 효과는 주로 음(-)의 값을 가지며, 이는 단백질의 나선 구조나 베타 병풍 구조에서 기인한다.

유전체에서 코튼 효과는 DNA의 이중 나선 구조와 관련된 정보를 제공한다. 키랄 의약품 개발에서는 코튼 효과를 이용하여 약물 분자의 입체 구조를 파악하고 약효를 최적화한다.

참고: 코튼 효과는 프랑스 물리학자 에메 코튼(Aime Cotton)에 의해 처음으로 관찰되었으며, 그의 이름을 따서 명명되었다. 그는 물질의 흡수띠 근처에서 나타나는 광학 회전 및 원편광 이색성의 변화를 연구했다.

Baeyer-Villiger 산화

과산화물 이나 과산화물 을 산화제로 사용하여 케톤에서 에스터를 형성하거나 고리형 케톤에서 락톤을 형성하는 유기 반응이다. 이 반응은 1899년에 이 반응을 처음 보고한 Adolf von Baeyer와 Victor Villiger의 이름을 따서 명명되었다.

존스 산화

1차 알코올과 2차 알코올을 각각 카르복실산과 케톤으로 산화하는 유기 반응이다. 이 반응은 이 반응의 발견자인 에워트 존스 경의 이름을 따서 명명되었다. 이 반응은 알코올 산화의 초기 방법이다. 콜린스 시약과 같이 더 순하고 선택성이 높은 시약이 개발되면서 이 반응의 사용은 줄어들었다.

존스 시약

존스 시약(Jones reagent)은 유기화학에서 1차 및 2차 알코올을 산화시키는 데 사용되는 강력한 산화제이다. 삼산화 크롬(CrO_3)을 황산 수용액에 녹여 만든다. 존스 시약은 1차 알코올을 카르복실산으로, 2차 알코올을 케톤으로 산화시킨다.

Thin layer chromatography(TLC)

얇은 막 크로마토그래피에서 Rf값은 물질의 이동 거리를 용매의 이동 거리로 나눈 값으로, 물질의 극성 및 용매와의 상호 작용을 나타내는 지표이다. 즉, 특정 조건에서 물질이 얼마나 이동하는지를 정량적으로 보여주는 값이다.

Rf값(Retention factor, 머무름 인자) 이란?

TLC에서 Rf값은 다음과 같이 계산된다.

Rf = (시료가 이동한 거리)/(이동상이 이동한 거리)

Gem-dimethyl

화학에서 탄소 원자에 결합된 두 개의 메틸기(CH_3)를 의미하며, “geminal dimethyl”의 줄임말이다. 한국어 번역은 “젬-디메틸” 또는 “게미널 디메틸”로 할 수 있다.

Triphenyltetrazolium chloride

산화환원 지시약, TTC는 산화환원 지시약으로 사용되며, 환원되면 붉은색의 formazan 유도체를 형성한다.

α-케톨 재배열

α-하이드록시 케톤 또는 알데히드에서 알킬 또는 아릴기가 산, 염기 또는 열에 의해 1,2-이동하여 이성질체 생성물을 생성하는 현상이다.

황-민론 환원(Huang-Minron reduction)

황 변형은 볼프-키슈너 환원에 대한 원포트 단축법으로, 볼프-키슈너 환원은 케톤과 알데히드 카르보닐이 하이드라존 유도체를 통해 해당 메틸렌 또는 메틸기로 전환되는 반응이다.

칼륨 tert-부톡사이드(Potassium tert-butoxide)

유기 합성에서 강력한 염기로 작용하며, 다양한 유기 반응에서 촉매나 시약으로 사용된다. 특히, 친핵성이 낮고 입체적으로 큰 부피를 가지는 특성 때문에 탈수소화 반응, 에스테르의 아미드화 반응, 고리화 반응 등에서 유용하게 활용된다. 또한, 금속 유기 화합물 합성에도 사용된다.

주요 반응

제거 반응: 칼륨 tert-부톡사이드는 알코올이나 할로겐화 알킬 화합물에서 수소와 할로겐을 제거하여 알켄을 생성하는 제거 반응을 촉매합니다. 특히, 호프만 제거 반응에서 주로 사용된다.

친핵성 치환 반응: 강한 염기성이기 때문에 친핵체로 작용하여 SN2 반응을 통해 다양한 화합물을 합성하는 데 사용된다. 특히, 할로겐화 알킬 화합물과 반응하여 에테르나 아민 등을 생성할 수 있다.

카르벤 생성 반응: 클로로포름과 반응하여 디클로로카르벤을 생성하며, 이를 이용하여 시클로프로판화 반응을 진행할 수 있다.

요약: 칼륨 tert-부톡사이드는 강염기 및 친핵체로 다양한 유기 반응에 사용되며, 특히 제거 반응, 친핵성 치환 반응, 카르벤 생성 반응에서 중요한 역할을 한다. 물과 산에 대한 반응성이 매우 높으므로 취급 시 주의가 필요하다.

카이랄성(chirality)

왼손과 오른손처럼 서로 거울 쌍을 이루지만, 둘이 서로 겹쳐지지 않는 물체의 성질을 뜻한다. 자연에서 카이랄성은 매우 흔한데, 생명체의 유전정보를 담고 있는 DNA가 대표적인 예이다. 또한, 생체 분자의 대부분이 카이랄 구조를 가지고 있다고 알려져 있다.

화학에서 β(equatorial)는 고리형 분자에서 치환기가 고리 평면에 "거의" 평행하게 위치하는 것을 의미합니다. 이는 "적도"라는 뜻의 equatorial에서 유래된 용어로, 고리형 분자의 평면을 지구의 적도에 비유할 때, 해당 위치를 가리킵니다. 반대로, 고리 평면에 수직으로 위치하는 것을 축 방향(axial)이라고 합니다.

하코모리법(Hakomori method)

구조 분석에 도움을 주기 위해 탄수화물, 특히 글리칸을 과메틸화하는 기술이다. 이 방법은 디메틸설폭사이드(DMSO)와 수소화나트륨을 사용하여 메틸설피닐 카바니온을 생성한 후, 요오드화메틸 존재 하에서 탄수화물과 반응시켜 완전한 메틸화를 달성한다.

스미스 분해(Smith degradation)

스미스 분해는 다당류를 반복 횟수가 더 짧은 다당류 또는 올리고당으로 선택적으로 분해하는 것을 목표로 하며, 이를 통해 구조 정보를 추론할 수 있다. 이 과정은 세 단계로 구성된다. 과요오드산(IO_4^-)에 의한 산화, 수소화붕소(BH_4^-)에 의한 폴리알코올로의 환원, 그리고 온화한 조건(보통 실온)에서 묽은 산에 의한 가수분해이다. 가수분해 단계에서는 산화된 당 고리의 아세탈만 분해되는 것으로 가정한다. 생성물은 단당류 배당체에서 다당류까지 다양하다. 다음 분자 조각들은 산화되기 쉽다.

소디움 메타퍼아이요데이트(sodium metaperiodate)

과요오드산나트륨(Sodium metaperiodate)은 주로 유기화학에서 산화제로 사용되며, 특히 인접한 디올(diol) 분자를 분해하여 두 개의 알데히드기를 생성하는 데 유용하다. 또한, 생화학 연구에서 탄수화물이나 당 단백질의 변형 및 표지에 사용되기도 한다.

$NaBH_4$, 소디움 보로하이드라이드(Sodium borohydride)

NaBH4는 수소화붕소나트륨(Sodium borohydride)의 화학식으로, 무기 화합물이며 흰색 결정성 고체이다. 강력한 환원제로서 유기 합성, 수처리, 제지, 염료 산업 등 다양한 분야에서 활용된다. 특히, 케톤이나 알데하이드기를 알코올기로 환원시키는 데 유용하며, 최근에는 수소 저장 매체로의 가능성도 연구되고 있다.

Zimmermann test

치머만 시약은 크로마토 그래피 에서 알칼로이드, 특히 벤조디아제핀 및 기타 화합물을 추정적으로 식별하는 데 사용되는 간단한 스팟 테스트로 사용된다. 따라서 약물 테스트에 사용된다.

산 촉매 고리화 반응

산 촉매 고리화 반응은 유기화학에서 사용되는 반응으로, 산 촉매를 사용하여 분자 내에서 고리 구조를 형성하는 반응이다. 이 반응은 다양한 유기 화합물 합성에서 중요한 단계로 사용된다.

메톡시기(methoxy group)

메톡시기는 CH_3O- 형태로 표현되는 작용기로, 유기 화학에서 흔히 사용되는 작용기 중 하나다. 메탄올(CH_3OH)에서 수소 원자 하나가 제거된 구조로, 산소 원자에 메틸기(CH_3)가 결합된 형태이다.

메톡시기의 특징

구조: 메틸기(CH_3)와 산소 원자(O)가 결합된 형태이다.

분자식: CH_3O-

유기화학: 메톡시기는 다양한 유기 분자에 존재하며, 특히 천연물 유래 의약품에서 자주 발견된다.

Klyne-Prelog 시스템으로 더 정확하게 알려진 Klyne의 법칙

입체화학에서 분자의 형태, 특히 비틀림 각도 또는 2면체 각도가 60° 증분이 아닌 단일 결합을 갖는 분자의 형태를 설명하는 데 사용되는 방법이다. 이는 결합 주위 치환기의 공간적 배열을 정의함으로써 복잡한 분자 구조를 명명하고 이해하는 체계적인 방법을 제공합니다.

Geminal

화학 용어로, 같은 탄소 원자에 두 개의 동일한 작용기 또는 원자가 결합된 상태를 의미한다. 라틴어 "gemini"(쌍둥이)에서 유래되었으며, 두 개의 원자 또는 작용기가 쌍으로 같은 위치에 결합되어 있음을 나타낸다.

예를 들어, CH_2Cl_2(디클로로메탄)에서 두 개의 염소 원자는 모두 중앙 탄소 원자에 결합되어 있는데, 이러한 구조를 "geminal 디클로라이드"라고 부른다. 요약하면, "geminal"은 같은 탄소에 두 개의 동일한 작용기나 원자가 결합된 상태를 나타내는 화학 용어다.

포도당의 α(알파) 와 β(베타) 형태

포도당의 α(알파) 와 β(베타) 형태는 고리형 포도당 분자에서 1번 탄소에 결합된 수산기(–OH)의 위치에 따라 구분된다. 1번 탄소의 수산기(–OH)가 고리 평면보다 아래쪽에 있으면 α-포도당, 위쪽에 있으면 β-포도당이라고 한다.

토양 미생물/장내 미생물

인삼 사포닌을 분해하는 대표적인 장내 미생물은 Bacteroides, Bifidobacterium, Lactobacillus, Eubacterium 등이 있다. 이들은 인삼 사포닌(진세노사이드)의 글리코사이드 결합을 끊어 컴파운드 K와 같은 흡수 가능한 형태로 전환시키는 역할을 한다.

젠티오비오스(gentiobiose)

β 결합으로 결합된 두 단위의 D-글루코스로 구성된 이당류다. 물이나 뜨거운 메탄올에 용해되는 백색 결정성 고체다. 젠티오비오스는 사프란에 색을 부여하는 화합물인 크로신의 화학 구조에 통합된다. 포도당의 캐러멜화 산물이다.

메탄올분해(Methanolysis)

메탄올을 이용하여 화학 결합을 끊는 반응을 의미한다. 특히 고분자 물질을 메탄올과 반응시켜 단량체 또는 저분자 물질로 분해하는 화학적 재활용 방법 중 하나로 사용된다.

1,4-다이옥산(Dioxane)

다이옥산은 색이 없고, 방향성이 있는 휘발성 액체이다. 알콜과 비슷하지만, 밀도가 더 작고 끓는점이 낮은 에테르 성분의 일종이다. 주로 샴푸나 액상비누와 같이 보글보글 거품을 만들어내는 제품들에서 발견된다.

SN1 반응

SN1 반응은 유기화학에서 치환반응의 한 종류이다. SN은 친핵성 치환을 뜻하고, 1은 속도 결정 단계가 단분자성임을 뜻한다. SN1 반응은 반응 중간체로 탄소 양이온이 존재하는 경우가 많고 2차 또는 3차 할로알케인의 반응에서 자주 볼 수 있다. 강한 산성 환경에서는 2차 또는 3차 알코올도 SN1 반응을 일으킬 수 있다.

Sarret 산화

사렛(Sarett) 산화는 유기 화학에서 1차 및 2차 알코올을 각각 알데하이드 및 케톤으로 산화시키는 데 사용되는 화학 반응이다.

참고문헌

Garrigues S. Ann. Chem Pharm. 90, 231 (1854).

Davydow. Pharm. Z. Russland, 29, 97 (1889).

井上円治, 薬誌, No.242 (1902)

藤谷功彦, 京都医誌, 2, 191 (1905).

近藤平三郎ら, 薬誌, No.440, 747 (1918).

近藤平三郎ら, 薬誌, No.466, 1027 (1920)

米川稔, 慶応医学 6, No.6, 7 (1926).

小竹無二雄, 日化誌, 51, 357 (1930).

Asahina Y. and Taguchi B. J. Pharm Soc. Japan 26, 549 (1906).

Kondo H. and Tanaka O. J. Pharm. Soc. Japan 35, 779 (1915).

Kotake M. Nipon Nagaku Kaishi: J. Pharm Soc. Japan 51, 357 (1930).

Biellmann JF, Crabb P and Ourisson G, Tetrahedron, 2 ,303 (1958)

Stahl E. Chemiker Ztg, 82, 323-329 (1958)

Biellmann JF, Francetic D and Ourisson G, Tetrahedron Letters , 1~0.1, 4 (1960).

Conforth RH, Conforth HW and Prelog V, Ann.Chem. 634, 197 (1960)

Fischer FG and Seiler HR, Ann.Chem. 644 ,146 (1961)

HÖrhammer L, Wagner H, and Lay B. Pharm. Ztg. 106, 1307 (1961)

Klyne W, Tetrahedron , 13 , 29 (1961).

Lin YT. J. Chin. Chem. Soc. 8, 109 (1961).

Ohloff G and Klein E, Tetrahedron 18, 37(1962)

Wagner-Jauregg TH and Roth M. Pharm. Acta Helv. 37, 352 (1962).

Fujita M, Itokawa H, Shibata S. J Pharm Soc. Japan, 82, 1634 (1962)

후지타로 이치, 이토카와 히데하루 薬誌, 82, 1638 (1962)

Shibata S, Fujita M, Itokawa H, Tanaka O, and Ishi T. Tetrahedron Letters. 419, 1962.

Shibata S, Tanaka O, Nagai M, and Ishi T. Chem Pharm Bull 1239, 1962.

S. Shibata, O. Tanaka, M. Nagai, T. Ishii. *Tetrahedron Letters*, No. 26, 1239 (1962)

Elyakoy GB, Striena LI, Churlin AY, and N.K. Kochetkoy. Izvest. Acad. Nauk, USSR, Otd. Chim. n., p.1125 (1962).

G. B. Elyakov, L. I. Strigina, A. J. Khorlin, N. K. Kochetko.*Izvest. Acad. Nauk. USSR, Otd. Chim.*n., 2054 (1962)

Mitiiti Fujita, Hideji Itokawa, and Shoji Shibata. Chemical Studies on Ginseng I. Yakugaku Zasshi, vol82, 1634-1638 (1962).

Shibata, S, Fujita, M. Itokawa, H, Tanaka, O. Ishii T. *Chem. Pharm. Bull.*, 11, 759 (1963).

S. Shibata, O. Tanaka, M. Nagai, T. Ishii. *Chem. Pharm. Bull.*,11,762(1963)

S. Shibata, O. Tanaka, M. Sado, S. Tsushima. *Tetrahedron Letters* No. 12, 795 (1963).

O. Tanaka, N. Nagai, S. Shibata. *Tetrahedron Letters*, No.33, 2291 (1964).

Elyakov GB, Strigina LI, Uvarova NI, Vaskovsky VE Dzizenko AK, Kochetkov NK. Tetrahedron Letters, vol 5, Issue 48, 3591. 1964.

S. Shibata, O. Tanaka, K. Soma, Y. Iida, T. Ando, H. Nakamura Tetrahedron Letters, No.3, 207 (1965).

G. B. Elyakov, N. I. Uvarova, R. P. Gorshkov *Tetrahedron Letters*, No. 51, 4669 (1965)

S. Shibata, 0. Tanaka, T. Ando, M. Sado, S. Tushima, T. Ohsawa. *Chem. Pharm. Bull.*, 14, 595 (1966).

G. B. Elyakov, A. K. Dzizenko, Yu. N. Elkin. *Tetrahedron Letters*, No.l, 141 (1966)

0. Tanaka, N. Nagai, S. Shibata. *Chem. Pharm. Bull.*, 14, 1150 (1966).

S. Shibata, T. Ando, O. Tanaka. Chem. Pharm. Bull., 14, 1157 (1966).

M. Nagai, O. Tanaka, S. Shibata. *Tetrahedron Letters*, No.40, 4797 (1966).

O. Tanaka, M. Nagai, T. Ohsawa, N. Tanaka, S. Shibata. *Tetrahedron Letters*, No.5, 391 (1967).

M. Nagai, T. Ando, O. Tanaka, S. Shibata. *Tetrahedron Letters*, No.37, 3579 (1967).

Y. Iida, O. Tanaka, S. Shibata. *Tetrahedron Letters*, No.52, 5449 (1968).

Elyakov GB, Strigina LI, Shapkina EV, Aladyina NT, Kornilova SA, Dzizenko AK. T Tetrahedron. 1968 Aug;24(16):5483-91.

Y. Nagai, N. Tanaka, S. Shibata. *Tetrahedron Letters*, 27, 881 (1971).

M. Nagai, T. Ando, O. Tanaka. *Chem. Pharm. Bull.*, 20, 1212 (1972).

T. Ohsawa, N. Tanaka, 0. Tanaka, S. Shibata. *Chem. Pharm. Bull.*, 20, 1890 (1972).

I.Yoshioka, T. Sugawara, K. Imai, I. Kitagawa. *Chem. Pharm. Bull.*, 20, 2418 (1972).

S. Sanada, N. Kondo, J. Shoji, O. Tanaka, S. Shibata. *Chem. Pharm. Bull.*, 22, 421 (1974).

S. Sanada, N. Kondo, J. Shoji, O. Tanaka, S. Shibata. *Chem. Pharm. Bull.*, 22, 2407 (1974).

H. Kanda, O. Tanaka 薬誌 , 95, 246 (1975).

Y. Chen, M. Nose, Y. Ogihara. Chem. Pharm. Bull., 35, 1653 (1987)

조선인삼비사, 2부 인삼의 과학사 (나승열 국역본, 2025) p.242~266 시바타 쇼지 교수 인삼 사포닌 구조를 밝힌 과정을 년도 별로 정리함.

한병훈, 한국인삼론(Current status of Korea Ginseng Research). 생약학회지 (Kor. J.

Pharmacog.) 3(3) 151~160 (1972).

우보 한병훈 박사 논문집 (1999), p.56~65.

색 인

한국어

ㄱ

ㄴ

ㄷ

ㄹ

ㅁ

ㅂ

ㅅ

ㅇ

ㅈ

ㅊ

ㅋ

ㅌ

ㅍ

ㅎ

A

B

C

D

E

F

G

H

I

J

K

Z

기호

번호

인삼사포닌의 화학구조 해석 방법론

초 판 2026년 1월 25일

저 자 나승열

편집인 이은숙

발행인 나승열

발행처 도서출판 신일북스
서울시 영등포구 도림로 310-1 신일빌딩 5층
출판인 오상환
등록일 1992년 5월 14일. 제13-355호
연락처 전화 02-843-3281 | 팩스 02-841-8119
이메일 shinil@shinilbooks.com
홈페이지 www.shinilbooks.com

정 가 20,000원

ISBN 978-89-5702-557-4 93510

◆ 저자와의 협약 하에 인지는 생략합니다.
◆ 잘못 만들어진 책은 구입하신 서점이나 본사로 연락주시면 교환해 드립니다.